로또 당첨을 위한
타입 분석 가이드

로또 당첨을 위한 타입 분석 가이드

발행일   2024년 8월 26일

지은이   양운
펴낸이   손형국
펴낸곳   (주)북랩
편집인   선일영   편집   김은수, 배진용, 김현아, 김부경, 김다빈
디자인   이현수, 김민하, 임진형, 안유경   제작   박기성, 구성우, 이창영, 배상진
마케팅   김회란, 박진관
출판등록 2004. 12. 1(제2012-000051호)
주소   서울특별시 금천구 가산디지털 1로 168, 우림라이온스밸리 B동 B111호, B113~115호
홈페이지 www.book.co.kr
전화번호 (02)2026-5777   팩스   (02)3159-9637

ISBN   979-11-7224-257-2 13410 (종이책)   979-11-7224-258-9 15410 (전자책)

(주)북랩 성공출판의 파트너

북랩 홈페이지와 패밀리 사이트에서 다양한 출판 솔루션을 만나 보세요!

홈페이지 book.co.kr   •   **블로그** blog.naver.com/essaybook   •   **출판문의** book@book.co.kr

---

작가 연락처 문의 ▸ ask.book.co.kr

작가 연락처는 개인정보이므로 북랩에서 알려드릴 수 없습니다.

로또 당첨을 위한
타입 분석 가이드

양운 지음

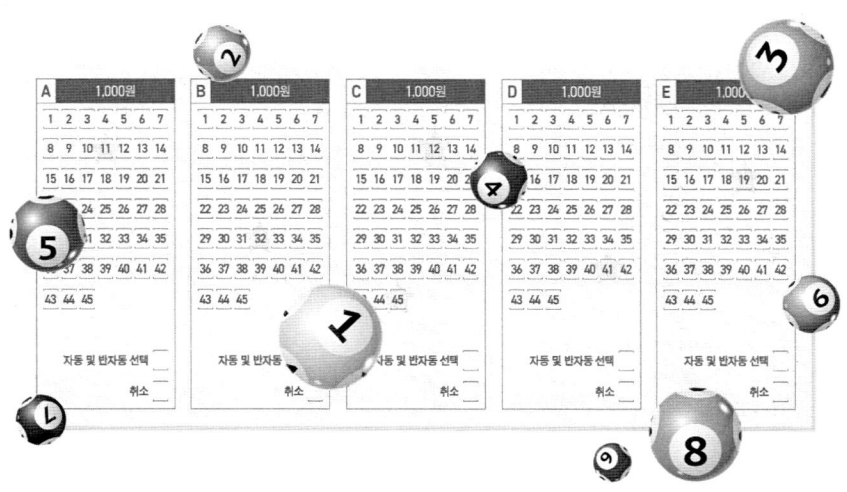

북랩

작가의 말

23년 6월 〈로또 당첨의 이론과 실제〉라는 책을 출간했다. 이 책엔 기본적으로 알아야만할 내용들이 다양하게 담겨있는데 일반 독자들에게 아직 거의 알려지지 않은 로또 책이다. 비유하자면 마치 땅속에 묻혀있는 보석이라고 말할 수 있겠다. 언젠가는 햇빛을 볼 날이 오리라고 기대해본다.

한편 저자가 특별히 관심을 가지고 들여다보고 있는 부분이 타입이라는 것이다. 그런데 첫 번째 책에서의 편집 여건상 저자의 의도대로 타입에 대해 자세히 깊게 다루지 못한 아쉬움이 있기에, 이번에 '타입'을 중심으로 두 번째 로또 책을 출간하고자 한다.

두 책을 굳이 비교하자면, 첫 번째 책인 〈로또 당첨의 이론과 실제〉의 내용은 좀 복잡해 보일 수도 있는데 이를테면 전문가용 고급 카메라의 사용 설명서 같은 식으로 생각하면될 것 같고, 두 번째 책인 〈로또 당첨을 위한 타입 분석 가이드〉는 조작하기 쉬운 대중적인 일반 카메라의 사용 설명서 정도로 예상해보면 되겠다.

독자들은 어느 책이 더 괜찮은 것인지 깊게 생각할 필요는 없다고 본다. 참고로 전작은 번호 이동에 대해, 이 책은 타입에 대해 각각 중점적으로 다루고 있다.

책의 장점에 대해서

첫째, 목표 회차 70회 분량에 대해 모두 도표를 삽입했다. 특히 예시로 든 도표상의 타입 번호에 대해선 색 밑줄을 둠으로써 독자들의 이해를 돕도록 했다. 즉 소스 회차의 특정 타입을 목표 회차로 전개하는 과정에서 관련된 같은 타입의 번호에 같은 색으로 된 밑줄을 표시했다. 이렇게 함으로써 독자들이 좀 더 쉽고 빠르게 이해할 수 있도록 했다.

둘째, 추가 설명에서는 저자만의 독창적 로또 기술인 타입을 이용해 '소스 회차의 여러 다양한 타입들이 어떻게 목표 회차로 전개되는지'를 보여주고 있다. 공부도 업무도 일상의 일도 마찬가지다. 바로 경험이 중요하다. 이곳 추가 설명의 타입들에 대해 꾸준히 관심을 가지고 들여다보면, 향후 독자들의 로또 실력이 크게 향상되리라고 본다.

셋째, 목표 회차의 번호를 구하기 위한 설명문의 문장 구조를 전체적으로 간단하게 그리고 표준화하려고 노력했다. 이렇게 함으로써 독자들이 핵심적인 내용을 어려움 없이 제대로 잘 파악할 수 있도록 했다.

넷째, 번호 1개씩을 찾아가는 단계마다 해당 번호를 짙게 인쇄함으로써 어떤 번호를 구한 것인지를 바로 알 수 있도록 했다. 따라서 목표 회차의 번호 6개를 알아가는 과정을 한눈에 파악할 수 있다.

책의 본문 구성에 대해서

일반 책들과는 달리 이 책은 여러 개의 장으로 되어 있지 않다. 즉 1개의 장을 구성하지도 않고, 목표 회차 기준으로 1회부터 70회까지에 대한 설명이 본문에서 계속 이뤄진다.

목표 회차에서의 구성은 다음과 같고 모든 목표 회차에 똑같이 적용된다.

'개별번호 선택 과정'이다.

기존 소스 회차들로부터 목표 회차의 번호 하나하나를 어떤 과정으로 만들 수 있는지를 자세히 보여준다. 즉 소스 회차들의 당첨 번호, 중복 타입, 방향성 타입, 직교 칸 등을 이용해 목표 회차의 개별번호로 어떻게 뽑아낼 수 있는지를 소개한다.

'개별번호 선택 과정'은 목표 회차 기준으로 10회까지만 기술되어 있다.

'타입 선택과 결합'이다.

어떤 소스 회차들로부터 목표 회차로 전개될 수 있는 타입들 가운데 두 개를 선택해 목표 회차의 번호 6개가 나오도록 하는 것이다. 이때 소스 회차와 목표 회차에서 같은 타입끼리는 도표 번호에 같은 색으로 밑줄을 표시했다.

'추가 설명'이다.

일반적인 글로 이뤄진 것은 아니다. 각 소스 회차의 타입이 목표 회차로 나타날 수 있는 경우엔, 관련 소스 회차와 목표 회차의 해당 타입을 함께 표기해 두었다.

주의할 점은 '타입 선택과 결합'과 '추가 설명'에 나타난 타입들 가운데 어느 것이 더 좋은 타입인가를 생각할 필요가 없다는 것이다. 즉 도표의 밑줄 번호 타입은 저자가 직관적으로 뽑아낸 것인데 이 타입으로 반드시 작업해야만 하는 것은 아니다.

또 '추가 설명'에 기술된 타입들을 모두 알아야만 하는 것도 아니다. 참고용을 위해 저자가 소스 회차에서 목표 회차로 나올 수 있는 타입을 정리했을 뿐이라는 점이다. 물론 '추가 설명'에 나와 있는 타입들을 많이 다뤄 보면 도움이 될 것이다.

따라서 독자들은 '타입 선택과 결합'과 '추가 설명'에서 언급된 타입들을 특별히 따로 구분하지 말고 전체적으로 함께 타입을 연습하면 되겠다.

'중복 타입'이다.
저자가 전작에서도 많이 강조했는데 추첨 시 중복 타입이 자주 나타나는 경향이 있다는 점이다. 따라서 타입을 위주로 소개하는 이 책의 본문에서 중복 타입을 일종의 필수 항목으로 다루고 있다.

'저자의 눈'이다.
본문을 보면 알 수 있는데 처음에 번호 2개를 찾아낸 이후에, 모양과 타입을 반복적으로 만들어 가면서 목표 회차의 번호 6개를 구하는 과정을 보여준다.

설명하는 순서대로 꼭 당첨 번호를 찾아야 하는 것은 아니므로 '하나의 예'로서 받아들이면 될 것이다.

일부 목표 회차에서는 번호 이동에 대해서도 추가로 다루었다.

차례

✔ **작가의 말**   **5**

  •책의 장점에 대해서   **6**   •책의 본문 구성에 대해서 **7**

✔ **들어가기에 앞서 살펴봐야 할 내용**   **12**

  •용어   **12**   •번호 표시 용지(용지)   **17**
  •일반 타입(GT)   **20**   •그림자 타입(ST)   **30**
  •중복 타입(OT)   **31**

✔ **회차별 타입 분석**

  •3회 (1)   **34**   •5회 (2)   **37**
  •6회 (3)   **40**   •8회 (4)   **44**
  •12회 (5)   **48**   •15회 (6)   **51**
  •17회 (7)   **54**   •20회 (8)   **57**
  •22회 (9)   **61**   •23회 (10)   **65**
  •32회 (11)   **68**   •34회 (12)   **71**

•35회 (13)	74	•36회 (14)	77
•37회 (15)	80	•38회 (16)	83
•41회 (17)	86	•44회 (18)	89
•49회 (19)	93	•51회 (20)	96
•52회 (21)	99	•54회 (22)	102
•58회 (23)	105	•61회 (24)	108
•67회 (25)	111	•74회 (26)	114
•76회 (27)	117	•78회 (28)	122
•80회 (29)	125	•81회 (30)	128
•83회 (31)	131	•85회 (32)	134
•86회 (33)	136	•88회 (34)	139
•93회 (35)	142	•98회 (36)	145
•101회 (37)	148	•106회 (38)	151
•107회 (39)	154	•108회 (40)	157
•110회 (41)	160	•111회 (42)	163
•112회 (43)	166	•113회 (44)	169
•114회 (45)	172	•115회 (46)	175
•116회 (47)	178	•117회 (48)	182
•118회 (49)	185	•119회 (50)	188

•120회 (51)   **191**   •121회 (52)   **194**

•122회 (53)   **197**   •124회 (54)   **200**

•126회 (55)   **203**   •127회 (56)   **206**

•129회 (57)   **209**   •130회 (58)   **212**

•132회 (59)   **215**   •133회 (60)   **219**

•134회 (61)   **222**   •135회 (62)   **225**

•136회 (63)   **228**   •137회 (64)   **231**

•139회 (65)   **234**   •141회 (66)   **237**

•142회 (67)   **240**   •143회 (68)   **243**

•144회 (69)   **246**   •147회 (70)   **249**

이것만은 염두에 두길   252

들어가기에 앞서 살펴봐야 할 내용

용어

용지   1부터 45까지의 숫자가 인쇄돼 있어 복권구매자가 원하는 번호를 해당란에 표시할 수 있게끔 되어 있는데, 이것을 보통 '번호 표시 용지'라고 부른다. 이 책에선 간단히 '용지'로도 표기가 된다.

칸   복권구매자가 해당 번호로 정하기 위해 확인을 위한 표시란이다. 이 책에선 '칸'이라는 용어를 사용한다. 예를 들어, 10에서 13으로 번호를 옮기는 작업이 있을 때 이 책에선 10을 '우로(오른쪽으로) 3칸 보낸다'처럼 글을 작성했다.

타입   아래의 각 타입에 대해선 뒤에서 자세히 설명한다.

GT   'general type'으로 용지의 번호란에 표시해보면, 번호들이 결합해서 일정한 타입으로 나타나는 것을 알 수 있다. 3개의 번호로 이뤄져 있다.

ST   'shadow type'으로 그림자 타입을 말한다. 용지에 표시해보면 뚜렷하게 보이지 않고, 안으로 숨겨져 있는 형태로 나타난다.

OT	'overlapped type'으로 중복 타입을 의미한다. 일반적으로 4개의 번호로 이뤄져 있다. 같은 모양의 GT 2개가 결합해 있는 형태로, 이 가운데 일부가 양쪽 2개 타입에 걸쳐져 있다.
TT	'twin type'으로 쌍둥이 타입이다. 특정 회차에서 같은 타입이 두 개 나타난다.
확장성 중복 타입	같은 타입이 중복되어 나타나는데 5개 번호로 이뤄져 있다.
올리고(위로)	번호를 위쪽으로, 그러니까 번호가 작은 쪽으로 이동시키는 것을 말한다. 예를 들어 39를 위로 두 칸 올리면 25가 되는 것이다. 간단히 '상2'로 표시할 수도 있다. 즉 39를 '상2'라고 하면 '25'가 된다는 것이다.
내리고(아래로)	위의 설명과 반대이다. 참고로 '4'를 '하2'로 하면 '18'이 된다.
좌로(왼쪽으로)	특정 번호를 왼쪽으로 옮기는 것을 말한다.
우로(오른쪽으로)	특정 번호를 오른쪽으로 옮기는 것을 말한다.
끝수	번호의 '끝자리' 숫자를 의미한다. 예를 들면, 37의 끝수는 7이고 24의 끝수는 4다.
대체 번호	특정 번호를 사용하지 않고 대신 다른 번호를 사용할 때, 이때 선택되는 그 다른 번호를 말한다. 예를 들면, 43을 이용하지 않고 대체 번호인 1을 선택한다는 것이다.

가상 번호 virtual number로서, 한국 복권시스템엔 없는 번호다.

용지에 45까지 인쇄돼 있지만, 46부터 49까지의 번호가 하단에 각각 지정되어 있다고 생각하자는 것이다. 즉 46, 47, 48, 49가 가상 번호다.

미세조정 소스 회차의 번호를 왼쪽이나 오른쪽으로, 보통 1칸이나 2칸 정도로 옮기는 작업을 말한다. 넓은 의미에서 번호를 그대로 선택하는 것도 포함된다.

방향성 타입 같은 크기와 방향을 유지하면서, 어느 한 번호로부터 출발해서 두 번째를 거쳐 세 번째 번호에 도착한다.

아래의 예는 일반 타입이면서 방향성 타입(방타)임을 보여준다.

예) 1, 4, 7

　　1, 11, 21

　　3, 10, 17

　　5, 13, 21

　　6, 11, 16

　　10, 23, 36

일반 이동의 법칙 책에서 언급하는 '이동'이라는 것이 이 일반 이동을 말한다. 3개 이상의 번호들이 하나의 방향성을 가지고 이동한다. 예를 들면 2, 3, 5가 아래로 1칸, 이어서 오른쪽으로 1칸 이동한다면 결국, 10, 11, 13으로 각각 나타나게 되는 것이다.

특수 이동의 법칙 일반 이동의 법칙과는 달리, 이 법칙은 두 개의 번호를 임의의 방향으로 이동시키는 것을 말한다.

목적은, 구하고자 하는 번호를 제대로 선택했는지 확인하기 위해서이다.

RO 법칙
로켓 우주선이 본체 밑으로 연소 화염을 내뿜으며 하늘로 솟아오를 때 이른바 작용·반작용의 법칙이 발생한다는 것을 알 수 있다.

마찬가지로, 로또 번호들이 이동할 때 RO(ROCKET) 법칙이 일어날 수도 있다고 생각하자는 것이다. 즉, 이동 시에 어떤 번호를 옆으로 두 칸 밀어내면서 몇 개의 번호들이 이동하는 것으로 생각하면 된다는 것이다.

예를 들면 5, 7, 9라는 임의의 한 그룹이 아래로 두 칸 움직인다면, 이동 방향의 반대쪽으로 '5'를 두 칸 이동시켜 '3'으로 생성하게 하고, 앞의 세 번호는 각각 19, 21, 23으로 만들어진다는 것이다.

그런데 번호들이 일반이동을 할 때 이동하려는 소스 당첨 번호로부터 두 칸 떨어져 있는 번호를 생성한다고 하면, 이 책에선 포괄적으로 RO 법칙이 일어난 것으로 간주하고자 한다.

타방 법칙
3개 이상의 번호들이 하나의 그룹을 이루어 '특정 방향'으로이동할 때, 이동그룹 내외의 어떤 번호가 앞의 방향과는 다르게 즉 타 방향으로 움직이는 현상을 말한다.

여기서 중요한 조건이 있다.

바로, 그룹이 이동한 행의 수와 특정 번호가 이동한 행의 수가 같아야 한다는 점이다. 또, 열 역시 마찬가지다.

1-2-3(일이삼) 법칙
이것을 일명 OTT(one-two-three) 법칙이라고도 한다. 어떤 특정 회차에서, 당첨된 번호들을 왼쪽 또는 오른쪽으로 1칸에서 3칸까지 임의로 이동시켜서, 향후 추첨에서 나올 번호들을 예상해볼 수 있다.

미차 운동 미세한 차이를 발생시키면서, 번호가 도착지로 이동해 나온다. 보통, 4개 이상의 번호들이 이동할 때 한두 개 번호가 정확하게 움직이지 않고, 도착 예정 칸을 기준으로 한 칸 더 가거나 한 칸 덜 간다는 것이다.

예) 8, 16, 21, 27 네 번호를 아래로 1칸 내리면, 15, 23, 28, 34가 되는데, 미차 운동으로 15, 23, 28, 33 또는 15, 24, 28, 34 등으로 나타난다.

연결 타입 일반적으로, 한 회차에서 여러 개의 일반 타입을 만들 수가 있다. 그런데 특정 번호 3개씩 묶어서 GT를 생성한다면 2개의 GT를 구할 수가 있다. 이 두 개의 GT를 결합하는 타입이 연결 타입이라는 것이다. 역시 3개의 번호로 이루어진다.

모양 2개 번호로 이뤄져 있다. 용지에서 2개 번호 사이의 위치 관계를 의미하는데, 여기에 번호 1개를 추가하면 3개 번호로 이뤄지는 타입으로 된다.

행 용지엔 모두 7개의 물리적 행이 있는데 여기서 말하는 행은 상대적 개념의 '간격 행'이다. 예를 들면 7과 8을 설명할 때 '0행·1열' 간격으로, 1과 8을 기술할 땐 '1행·0열' 간격으로 표기한다.

열 용지엔 모두 7개의 물리적 열이 있는데 여기서 말하는 열도 상대적 개념의 '간격 열'이다. 예를 들면 3과 10을 언급할 때 '1행·0열' 간격으로, 21과 22를 말할 땐 '0행·1열' 간격으로 표기한다.

전개 3개 번호로 이뤄진 소스 회차의 특정 타입을 이미 2개 번호를 준비해 둔 목표 회차 쪽으로 보내는 과정을 의미한다. 이렇게 전개하면 소스 회차의 타입과 같아지는 목표 회차의 타입을 찾을 수 있는데, 목표 회차에서 이미 2개의 번호는 알고 있으므로 나머지 1개 번호를 자연스럽게 구할 수 있다는 점이다.

번호 표시 용지(용지)

이번에 언급할 내용은 용지(번호 표시 용지)에 관한 것이다. "용지에 대해 말할 게 뭐가 있다고 그래"라고 생각하는 독자들이 있는지 모르겠다. 쉽게 생각할 것이 아니다.

이 책에서 핵심적이고, 특히 독자들이 알아야 할 요소다. 책 속의 일반 내용이 금, 은, 동 등으로 평가된다면, 용지에 대한 설명은 '다이아몬드'라고 말할 수 있을 것이다. 그 정도로 중요한 사항으로, 이 내용을 알아야 책에서 설명하는 것들을 이해할 수 있다.

자, 그럼 시작해보겠다. 독자들에게 한번 물어보겠다. 13의 바로 위 칸이 6이라는 것을 우리는 알고 있는데, 그럼 6의 한 칸 위는?

여기서, 초등학생과 대학생의 수준 차이가 나타난다. 초등학생은 "용지의 맨 위 칸에 6이 표시돼 있고, 그 위에는 아무 번호도 없는데요"라고 말할 것이다.

반면에, 대학생은 역시 노련하다. "6의 위 칸은 41입니다"라고 대답할 것이다. 그렇다. 41이 필자가 원하는 답이다.

'로또에 진리라는 게 존재하지는 않지만, 어떤 흐름이나 특성들이 있다'라는 점이다. '용지' 역시 마찬가지다. 과학적인 방법으로 입증할 순 없지만, 필자의 경험을 바탕으로 위와 같은 식으로 설명을 했다.

굳이 증명해본다면, 세 번호 6, 12, 13을 동시에 1칸씩 위로 올리면 41, 5, 6이 된다. 이어서 1칸씩 다시 위로 이동시켜 보면 34, 40, 41이 나온다.

이제 이동 전과 후의 번호 타입들을 비교하면 같다는 것을 알 수 있다.

이렇게 같은 타입임을 확인함으로써, '6'의 한 칸 위 번호가 '41'임을 알 수 있게 되었다.

반대로 '41'의 한 칸 아래는 '6'임을 생각해낼 수 있을 것이다. 이렇게 해서, 용지에서 번호들의 상하관계를 '나름의 증명'을 통해 살펴봤다.

앞에서, '위아래' 관계를 설명할 때 같은 열을 이용했는데, '좌, 우 관계도 마찬가지로 같은 행을 사용하는 게 아닌가'하고 생각하는지도 모르겠다.

하지만 이건 아니다. 즉 22의 왼쪽 1칸이 28이 아니고, 보통 생각하듯이 21이라는 것이다.

하나하나에 대해 원리원칙대로 따지지 말고, '설명이 이런 식으로 이뤄져 있구나' 정도로 생각하면 될 것 같다.

이제 예를 더 들어보면, 2의 왼쪽 1칸은 1이 된다.

그럼 1의 왼쪽 1칸은? 갑자기 이런 질문을 던져, 독자들이 당혹스러웠는지 모르겠다. 이 질문에 대한 답은, 바로 42다. 반대로, 42의 오른쪽 1칸은? 용지의 특성으로, 상황에 따라 1이 될 수도 있고 43이 될 수도 있다. 여기선 이 정도로 알아두자.

다음은 **대체 번호**에 대해 언급해보겠다. 말 그대로, 특정 번호를 대체할 수 있는 번호를 일컫는다. 즉, 43 대신에 1을 사용하였을 경우, 1이 대체 번호가 되는 것이다. 대체 번호는 1과 43, 2와 44 그리고 3과 45 사이에서 각각 존재한다.

여기에 대해 좀 더 살펴보자. 물리적으로 보면, 36, 37, 38로부터 1칸 아래로 각각 43, 44, 45가 존재한다. 반면에 39, 40, 41, 42 아래 칸엔 번호들이 없다.

독자들도 잘 알고 있는 내용이다.

36부터 42까지가 마지막 행의 번호들이라고 가정하면, 39에서 아래로 1칸 내려서 4로 만드는 것처럼, 36에서 1로 이동시킬 수도 있을 것이다.

그런데, 용지를 보면 43, 44, 45라는 번호들이 있다. 따라서 36에서 보면, 상황에 따라서 아래로 1칸 내려서 1을 만들 수도 있고 43을 생성할 수도 있다.

정리하면, 43은 1로, 44는 2로, 45는 3으로 각각 대체될 수 있으며, 또한 이와는 반대로도 각각 대체될 수가 있다.

마지막으로 **가상 번호**에 대해 말하고자 한다. 글자 그대로 실제로 존재하는 것이 아닌, 상상 속의 번호다. 바로 46, 47, 48, 49들이다. 독자들도 예상하다시피, 이 번호들을 직접 사용할 순 없는 것이고, 중간매개체로 사용하려는 것이다.

즉 어떤 타입을 만들 때나 번호들을 이동시킬 때, 상황에 따라선 이 가상 번호들을 활용하자는 것인데, 여기에 대해선 나중에 이 책 여러 곳에서 설명이 이루어질 것이다.

이렇게 해서, 용지(번호 표시 용지)엔 어떤 특성들이 있는지 개략적으로 살펴봤다.

드디어 핵심적인 로또 번호 타입을 소개하고자 한다. 개념적으론 일반 타입(GT), 그림자 타입(ST), 중복 타입(OT)이 있는데 각 타입에 대해 자세히 살펴보자.

일반 타입(GT)

일반 타입은 세 개의 번호를 묶은 형태로 이루어져 있는데 용지의 해당 번호란에 표기(마킹)를 해보면, 특정 형태가 나타남을 알 수 있다.

바로, 이것을 타입으로 부르자는 것이다. 그리고 이런 일반 타입들이 대략 120개 정도 되는데, 추첨 시 나오는 당첨 번호들의 타입을 보면 각 타입이 서로 연결돼 있음을 알 수가 있다.

독자들이 이러한 타입들을 학습한다면, 복권 구매 시 번호를 예상하고 선택할 때 많은 도움이 될 것으로 예상한다.

일반 타입은 용지에서 뚜렷이 나타나는데, 세 개의 번호로 이루어져 있다.

약 120개의 일반 타입이 있다고 앞서 언급했는데, 이 가운데에는 그림자 타입으로도 될 수 있는 겹치는 타입들도 있다는 점을 밝혀둔다. 한마디로, 명시적 기준으로 일반 타입을 분류했다는 것이다.

예를 들어보겠다. 2, 8, 36과 18, 26, 32는 실제론 같은 타입이지만, 이곳 설명에선 다른 타입으로 다루었고, 다음에 나오는 도표에서도 각각 따로따로 표시했다.

GT 타입에 대해선, 뒤이어 나오는 GT 도표를 보면 이해하기가 수월할 것이다.

〈120개의 일반 타입(GENERAL TYPE)〉

1

```
 1  2  3  4  5  6  7
 8  9 10 11 12 13 14
15 16 17 18 19 20 21
22 23 24 25 26 27 28
29 30 31 32 33 34 35
36 37 38 39 40 41 42
43 44 45
```

2

```
 1  2  3  4  5  6  7
 8  9 10 11 12 13 14
15 16 17 18 19 20 21
22 23 24 25 26 27 28
29 30 31 32 33 34 35
36 37 38 39 40 41 42
43 44 45
```

3

```
 1  2  3  4  5  6  7
 8  9 10 11 12 13 14
15 16 17 18 19 20 21
22 23 24 25 26 27 28
29 30 31 32 33 34 35
36 37 38 39 40 41 42
43 44 45
```

4

```
 1  2  3  4  5  6  7
 8  9 10 11 12 13 14
15 16 17 18 19 20 21
22 23 24 25 26 27 28
29 30 31 32 33 34 35
36 37 38 39 40 41 42
43 44 45
```

5

```
 1  2  3  4  5  6  7
 8  9 10 11 12 13 14
15 16 17 18 19 20 21
22 23 24 25 26 27 28
29 30 31 32 33 34 35
36 37 38 39 40 41 42
43 44 45
```

6

```
 1  2  3  4  5  6  7
 8  9 10 11 12 13 14
15 16 17 18 19 20 21
22 23 24 25 26 27 28
29 30 31 32 33 34 35
36 37 38 39 40 41 42
43 44 45
```

7

```
 1  2  3  4  5  6  7
 8  9 10 11 12 13 14
15 16 17 18 19 20 21
22 23 24 25 26 27 28
29 30 31 32 33 34 35
36 37 38 39 40 41 42
43 44 45
```

8

```
 1  2  3  4  5  6  7
 8  9 10 11 12 13 14
15 16 17 18 19 20 21
22 23 24 25 26 27 28
29 30 31 32 33 34 35
36 37 38 39 40 41 42
43 44 45
```

9

```
 1  2  3  4  5  6  7
 8  9 10 11 12 13 14
15 16 17 18 19 20 21
22 23 24 25 26 27 28
29 30 31 32 33 34 35
36 37 38 39 40 41 42
43 44 45
```

10

```
 1  2  3  4  5  6  7
 8  9 10 11 12 13 14
15 16 17 18 19 20 21
22 23 24 25 26 27 28
29 30 31 32 33 34 35
36 37 38 39 40 41 42
43 44 45
```

11

```
 1  2  3  4  5  6  7
 8  9 10 11 12 13 14
15 16 17 18 19 20 21
22 23 24 25 26 27 28
29 30 31 32 33 34 35
36 37 38 39 40 41 42
43 44 45
```

12

```
 1  2  3  4  5  6  7
 8  9 10 11 12 13 14
15 16 17 18 19 20 21
22 23 24 25 26 27 28
29 30 31 32 33 34 35
36 37 38 39 40 41 42
43 44 45
```

13

```
 1  2  3  4  5  6  7
 8  9 10 11 12 13 14
15 16 17 18 19 20 21
22 23 24 25 26 27 28
29 30 31 32 33 34 35
36 37 38 39 40 41 42
43 44 45
```

14

```
 1  2  3  4  5  6  7
 8  9 10 11 12 13 14
15 16 17 18 19 20 21
22 23 24 25 26 27 28
29 30 31 32 33 34 35
36 37 38 39 40 41 42
43 44 45
```

15

```
 1  2  3  4  5  6  7
 8  9 10 11 12 13 14
15 16 17 18 19 20 21
22 23 24 25 26 27 28
29 30 31 32 33 34 35
36 37 38 39 40 41 42
43 44 45
```

31

32

33

34

35

36

37

38

39

40

41

42

43

44

45

1 2 3 4 5 6 7　8 9 10 11 12 13 14　15 16 17 18 19 20 21　22 23 24 25 26 27 28　29 30 31 32 33 34 35　36 37 38 39 40 41 42　43 44 45

46　47　48　49　50

51　52　53　54　55

56　57　58　59　60

76

1	2	3	4	5	6	7
8	9	10	11	12	13	14
15	16	17	18	19	20	21
22	23	24	25	26	27	28
29	30	31	32	33	34	35
36	37	38	39	40	41	42
43	44	45				

77

78

79

80

81

82

83

84

85

86

87

88

89

90

91   92   93   94   95

96   97   98   99   100

101   102   103   104   105

106   107   108   109   110

111   112   113   114   115

116   117   118   119   120

참고로, 모양과 크기가 같은 타입을 아래의 도표처럼 작성했는데, 이런 것을 동형 타입이라고 일컫는다. 이 책에서 언급되는 **같은 타입**이라는 것이 바로 아래의 도표에 있는 것들을 의미한다.

〈동형 타입〉

이번엔 그림자 타입에 관해 설명하겠다.

그림자라는 명칭을 사용했는데 뚜렷이 나타나는 일반 타입과 달리,

글자의 의미에서도 알 수 있듯이 그림자 타입은 불명확하게 즉 한 번에

알아볼 수 없는 형태로 나타난다는 것이다.

즉, 세 번호로 이뤄진 타입에서 번호들의 상호위치 관계가 같다면, 일반 타입과 그림자 타입은 물리적으로 보면 같은 타입이라고 말할 수 있다.

단지, 타입이 뚜렷이 나타나면 즉 명시적이면 일반 타입으로, 반대로 타입이 암시적이면 그림자 타입으로 분류했을 뿐이라는 점이다.

|16회|34회|36회|41회|134회|

아래 도표의 타입이 16회부터 134회까지의 그림자 타입과 같음을 보여준다.

마지막으로 중복 타입에 대해 살펴보겠다. 중복 타입(OT)은 번호 4개로
구성된 것으로, 동형 일반 타입이 서로 겹쳐 나오는 것이다.
로또 추첨에서 이런 형태도 꾸준히 나타나고 있다.
역시, 뒤이어 나오는 도표를 본다면 이해하기가 쉬울 것이다.
이제, 각 회차에서 어떤 종류의 중복 타입들이 나타나고 있는지 알아보자.

20회 10, 18, 20의 타입과 14, 18, 20의 타입은 같은 것이다.
이때, 18과 20이 20회의 두 타입에 걸쳐져 나타났는데, 이들 네 번호가 이 책에서 언급
하고 있는 중복 타입을 이루고 있다.

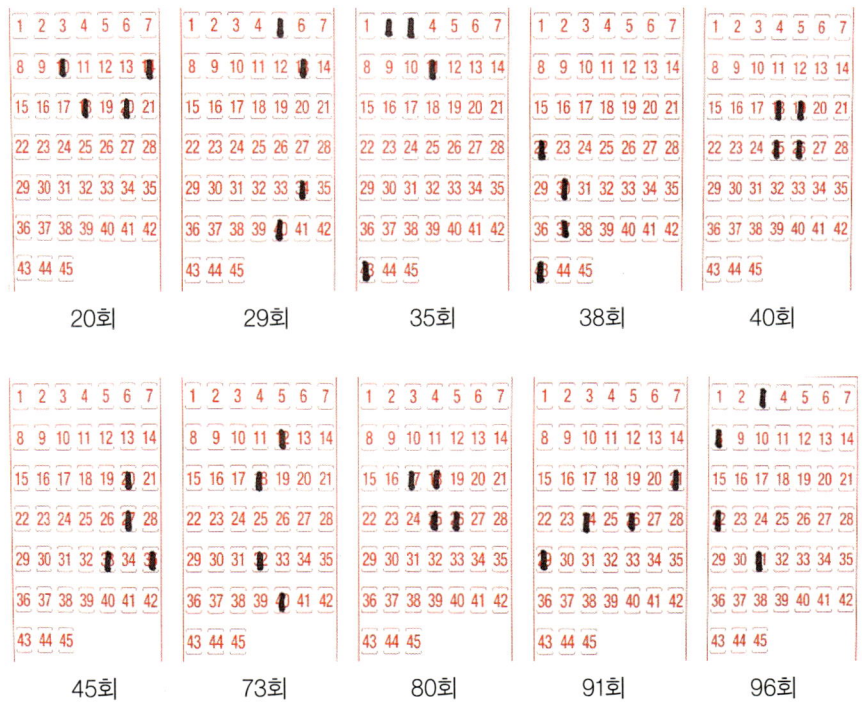

| 20회 | 29회 | 35회 | 38회 | 40회 |

| 45회 | 73회 | 80회 | 91회 | 96회 |

LOTTO 6/45

회차별
타입 분석

A 자동

| 1회 | 2회 | 3회 |

개별번호 선택 과정

11은 2회 9, 13, 25와 결합해 중복 타입을 이룬다. 참고로 중복 타입이란 용지에서 같은 일반 타입이 겹쳐 나타난다는 것이다.

16은 1회 보번(보너스 번호)이면서 2회 9의 하1칸이다.

19는 2회 13, 25와 함께 방향성 타입을 만든다. 방향성 타입이란 용지에서 일정한 방향으로 번호가 이뤄져 있다는 것이다.

21은 2회 당첨 번호다.

27은 1회 23, 29, 33과 함께 중복 타입을 생성한다. 그래서 27을 선택하면 된다는 것이다.

31은 1회에서 중복 타입을 만들 수 있고 2회 32의 좌1칸 번호다.

타입 선택과 결합

(1회 10, 37, 40) = (3회 16, 19, 31)

(2회 13, 21, 25) = (3회 11, 21, 27)

추가 설명

(1회 29, 37, 40) = (3회 16, 19, 27)

(1회 29, 33, 37) = (3회 11, 21, 31)

(1회 23, 29, 33) = (3회 21, 27, 31)

(2회 13, 21, 25) = (3회 19, 27, 31)

(2회 9, 13, 21) = (3회 11, 21, 27)

중복 타입

11, 19, 21, 27, 31 (확장성 중복 타입)

저자의 눈

최근에 나온 번호를 그대로 선택하거나 미세조정해 2개 정도 만들어 보자. 목표 회차의 번호를 만들기 위한 '주춧돌 번호'라고 생각하면 되겠다.

전체적으로 1회와 2회에서 나온 번호들의 타입을 죽 살펴보길 바란다.

2회 21을 차분히 그대로 선택한다.

이어서 1회 10을 차분히 우로 1칸 옮겨 11로 만들어둔다.

이렇게 해서 3회 **11, 21**로 확정해 두었다. (2개) 참고로 끝수가 같다.

이제 타입을 만들어 보겠다. 3회 11, 21의 모양을 보자. 1·3이다. 즉 1행·3열 간격이다. 이 모양과 같은 게 2회 21, 25다. 따라서 이 모양을 포함하고 있는 2회 13, 21, 25의 타입을 이미 구해 둔 3회 11, 21로 전개하면 3회 11, 21, 27의 타입으로 나오게 할 수 있다. 이렇게 해서 3회 **27**을 찾아냈다. (3개) (11, 21, 27)

네 번째 번호다. 3회 21, 27의 모양을 보자. 1·1이다. 즉 1행·1열 간격이다. 이 모양과 같은 게 1회 23, 29다. 따라서 이 모양을 포함하고 있는 1회 23, 29, 33의 타입을 앞에서 준비해 둔 3회 21, 27로 전개하면 3회 21, 27, **31**로 만들 수 있다는 것이다. (4개)

참고로, 찾아낸 31을 보니 2회 32의 옆 칸이라는 것이다.

다섯 번째 번호다. 3회 27, 31의 모양을 보자. 1행·3열 간격이다. 이 모양과 같은 게 1회와 2회에 있는데 2회 21, 25의 모양을 이용하고자 한다. 이 모양을 포함하고 있는 2회 13, 21, 25의 타입을 이미 구해 둔 3회 27, 31로 전개하면 3회 **19**, 27, 31의 타입으로 되게 할 수 있다. (5개)

여기서 차분히 보면 3회 11, 21, 27과 3회 19, 27, 31은 같은 타입인데 5개 번호로 이뤄진 확장성 중복 타입이라는 것이다.

마지막 번호다. 3회 19, 31의 모양을 보자. 2·2다. 즉 2행·2열 간격이다. 이 모양과 같은 게 1회와 2회에 있는데 1회 10, 40의 모양을 이용하고자 한다. 이 모양을 포함하고 있는 1회 10, 37, 40의 타입을 앞에서 이미 준비해 둔 3회 19, 31로 전개하면 3회 **16**, 19, 31의 타입으로 나오게 할 수 있다. (6개)

3회 16과 관련해 좀 더 기술해보겠다. 3회 19, 27의 모양을 보자. 1·1이다. 즉 1행·1열 간격이다. 이 모양과 같은 게 1회 29, 37이다. 따라서 이 모양을 포함하고 있는 1회 29, 37, 40의 타입을 앞에서 구해 둔 3회 19, 27로 전개하면 3회 16, 19, 27의 타입으로도 되게 할 수 있다는 것이다.

독자들이 염두에 두어야 할 사항

앞의 '저자의 눈' 설명에서 언급된 타입들을 보면, 도표에 있는 밑줄 번호의 타입들과 다르다는 것을 알 수 있을 것이다.

이것에 대해 다음과 같이 이해하면 되겠다.

겉으로 도표 번호를 바라보는 직관적 시각으로는 도표의 밑줄 번호 타입 들이, 반면 저자의 눈에서는 설명 과정에서의 타입이 각각 나타나는 것으로 생각하면 될 것이다.

5회 (2)

|1회|4회|5회|

개별번호 선택 과정

16은 3회 당첨 번호다. (3회 도표 생략)

4회에서 보2, 30과 함께 방향성 타입을 이루게 한다.

24는 전회차(4회) 31의 1칸 위다.

29는 약간 떨어져 있는 1회에서 당첨 번호로 나타났고 2회 21, 25와 어울려 방향성 타입으로 나오게 한다. 또 3회에서 보30의 옆 번호이면서 19, 21, 27과 함께 중복 타입으로 나오게 할 수 있다.

4회에서 14, 27, 42를 묶어서 역시 중복 타입을 만들 수 있다.

40은 좀 떨어져 있는 1회에서 당첨 번호로 나왔고 2회에서 방타를 이룰 수 있고 3회에서 중복 타입으로 되게 할 수 있다. 전회차인 4회의 당첨 번호다.

41은 2회에서 중복 타입으로 되게 할 수 있는 번호다. 2회 도표를 생략. 2회 당첨 번호는 보2, 9, 13, 21, 25, 32, 42다.

사실 여기에서 설명하기에는 좀 무리일 수도 있지만, 가상 번호를 거쳐 타입이 나오게끔

하면 된다는 것이다. 즉, 2회 13, 21, 42와 가상 번호 48을 이용한 2회 13, 21, 41은 같은 타입이라는 것이다.

이와 같은 식으로 생각하면 같은 일반 타입이 겹쳐져 나오는 중복 타입을 만든다. 이렇게 해서 중타를 생성할 수 있는 번호인 41을 선택하면 된다는 것이다.

참고로, 번호 표시 용지에서 6의 1칸 위는 41이고 반대로 41의 1칸 아래는 6이다.

그런데 때론 가상 번호를 이용하기 위해 6의 1칸 위를 가상 번호(가번) 48로 생각해볼 수도 있다는 점이다.

한편 3회에서 19, 21, 27과 결합해 중복 타입으로 나오게 할 수 있는 번호들 가운데 41이 있다.

마지막으로 4회에서 30, 31, 40과 함께 중복 타입으로 될 수 있고, 인력으로 40, 42와 함께 출현한 것으로 볼 수 있다.

42는 2회 당첨 번호다. 3회 16, 27, 31과 결합해 중복 타입을 이룬다. 4회 당번이다.

타입 선택과 결합

(4회 14, 27, 40) = (5회 16, 29, 42)

(4회 14, 30, 31) = (5회 24, 40, 41)

추가 설명

(1회 10, 보.16, 40) = (5회 16, 24, 42)

(1회 10, 보.16, 40) = (5회 16, 24, 40)

(4회 14, 30, 31) = (5회 29, 40, 41)

(4회 14, 31, 40) = (5회 24, 29, 40)

중복 타입

16, 24, 40, 42

24, 29, 40, 41

저자의 눈

목표 회차(5회)의 바로 앞인 4회를 들여다보자.

1차로 미세조정을 하려고 한다.

30을 차분히 좌로 1칸 옮겨 **29**로 만든다. (1개)

이어서 **40, 42**를 그대로 선택한다. (3개) (29, 40, 42)

2차로 타입 작업을 하려고 한다.

네 번째 번호다. 5회 29, 42의 모양을 보자. 2·1이다. 즉 2행·1열 간격이다. 이 모양과 같은 게 4회 27, 40이다. 따라서 이 모양을 포함하고 있는 4회 14, 27, 40의 타입을 앞에서 구해 둔 5회 29, 42로 전개하면 5회 **16**, 29, 42의 타입으로 나오게 할 수 있다. (4개)

이 지점에서 보면 4회에서 30을 좌로 1칸 옮겨 29로 만들어 두었었는데, 그냥 생각나는 대로 미세조정을 한 것이 아니라 이런 식으로 타입을 만들기 위한 '사전 작업'이었다는 점이다. 마치 프로바둑 기사들이 수십 수 앞을 예상하면서 바둑돌을 두듯이 말이다.

다섯 번째 번호다. 찾아둔 5회 16, 40의 모양을 보자. 두 번호가 좀 떨어져 있는데 3·3이다. 즉 3행·3열 간격이다. 이 모양과 같은 게 1회 보16, 40이다. 따라서 이 모양을 포함하고 있는 1회 10, 보16, 40의 타입을 이미 준비해 둔 5회 16, 40으로 전개하면 5회 16, **24**, 40의 타입으로 만들 수 있다. (5개)

마지막 번호다. 5회 24, 40의 모양을 보자. 2·2다. 즉 2행·2열 간격이다. 이 모양과 같은 게 4회 14, 30이다. 따라서 이 모양을 포함하고 있는 4회 14, 30, 31의 타입을 이미 구해 둔 5회 24, 40으로 전개하면 5회 24, 40, **41**의 타입으로 나타나게 할 수 있다. (6개)

| | 4회 | 5회 | 6회 |

개별번호 선택 과정

14는 4회 당첨 번호다.

15는 3회, 4회, 5회에서 중복 타입을 이루게 한다. 5회 16의·옆 번호다.

26은 3회 19와 27의 사이의 직교 칸이다. 4회 27, 30, 31과 결합해 중복 타입을 이룬다. 27의 옆 번호다. 5회 24, 40, 42와 함께 중복 타입이 되게 한다.

27은 3회와 4회의 당첨 번호다.

지금부턴 주의 깊게 보길 바란다. 5회에서 2개의 중복 타입을 만들 수가 있다.

하나는 **27**, 29, 40, 42로 나타나고 다른 하나는 **27**, 40, 41, 42다.

40은 4회와 5회의 당첨 번호다. 한마디로 나왔던 번호가 또 출현했다. 3회 연속 출현이다.

42도 앞의 40번 설명과 같다.

타입 선택과 결합

4회 파란색 밑줄 번호인 27, 40, 42와 6회 파란색 밑줄 번호인 27, 40, 42는 같은 타입이다. 자세히 보면 4회 파란색 밑줄 번호 3개가 그대로 다시 나타났다.

4회 빨간색 밑줄 번호인 14, 30, 31과 6회 빨간색 밑줄 번호인 14, 15, 26도 같은 타입이다.

추가 설명

4회 14, 27, 40과 5회 16, 29, 42는 같은 타입인데, 이것이 6회 14, 27, 40으로 나타났다고 생각하면 되겠다. 보다시피 4회와 5회의 타입이 6회에서 다시 나타났는데 한마디로 '최근에 나왔던 타입이 또 나온 것'이다.

한편 5회 29, 41, 42이라는 타입을 상2좌1 칸으로 이동시켜 보면 6회 14, 26, 27로 된다는 것을 알 수 있다.

또 4회 보2, 30, 31과 6회 26, 27, 40은 같은 타입이고, 5회 29, 40, 42와 6회 15, 40, 42도 같은 타입이다.

이처럼, 도표에 표시된 밑줄 번호 타입으로만 목표 회차로 전개되어야 하는 것은 아니라는 점이다.

즉, 도표의 밑줄 번호들을 일종의 '샘플' 타입으로 생각하자는 것이다.
마치 화학 구조식처럼, 로또 번호의 타입들도 다양하게 얽히고설켜 있는 모습이라고 보면 되겠다.

중복 타입

14, 15, 26, 27

14, 26, 27, 42

참고로 6회에서 14, 15, 42와 26, 27, 40은 같은 타입으로 TT(twin type)다.

저자의 눈

6회의 타입을 만드는 방법에는 여러 가지가 있는데, 꼭 저자의 방법대로 해야 하는 건 아니지만 여기선 다음과 같이 해보자.

5회에서 16을 차분하게 좌로 1칸 해서 **15**로 만든다. (1개)
이어서 4, 5회 당첨 번호인 **40**과 **42**를 그대로 선택한다. (3개)
40, 42 두 번호가 3회 연속으로 나타나는 식이다. 좀 특이한 번호 흐름이다.

그런데 왜 앞에서처럼 작업했을까. 예상했을 것 같은데 '동형 타입 맞춤'을 했다는 것이다. 즉 5회 29, 40, 42라는 타입과 같아지게끔 6회에서 15, 40, 42의 타입으로 만들었다는 의미다.

네 번째 번호다. 6회 40, 42의 모양을 보자. 0·2다. 즉 0행·2열 간격이다. 이 모양과 같은 게 4회와 5회에 있는데 여기선 4회 40, 42의 모양을 이용하려고 한다. 따라서 이 모양을 포함하고 있는 4회 14, 40, 42의 타입을 이미 구해 둔 6회 40, 42로 전개하면 6회 **26**, 40, 42의 타입으로 나오게 할 수 있다. (4개)

다섯 번째 번호다. 6회 26, 40의 모양을 보자. 2·0이다. 즉 2행·0열 간격이다. 이 모양과 같은 게 4회 보2, 30이다. 따라서 이 모양을 포함하고 있는 4회 보2, 30, 31의 타입을 앞에서 찾아둔 6회 26, 40으로 전개하면 6회 26, **27**, 40의 타입으로 되게 할 수 있다. (5개)

마지막 번호다. 6회 26, 27의 모양을 보자. 0·1이다. 즉 0행·1열 간격이다. 이 모양과 같은 게 4회, 5회에 있는데 이 작업에선 5회 41, 42의 모양을 이용하고자 한다. 따라서 이 모양을 포함하고 있는 5회 29, 41, 42의 타입을 이미 구해 둔 6회 26, 27로 전개하면 6회 **14**, 26, 27의 타입으로 만들 수 있다. (6개)

참고로 6회 당첨 번호를 다음과 같이 타입으로 나타내보면, 4회 14, 27, 40과 6회 14, 27, 40은 같은 타입이고, 5회 16, 29, 41과 6회 15, 26, 42도 같은 타입이다.

이런 식으로 독자들도 '사고의 유연성'을 발휘해 '목표 회차의 타입'을 만들 수 있을 것이다.

| 4회 | 5회 | 6회 | 7회 | 8회 |

개별번호 선택 과정

8은 4회 보2, 14와 함께 방향성 타입을 이룬다. 5회에서 역시 16, 24와 결합해 방타로 나오게 한다.

5회에서 16, 24, 42와 묶어보면 중타(중복 타입)로 된다.

2전 회차인 6회 15의 윗 칸이다. 또 26, 보34, 42와 합쳐져 중타로 되게 할 수 있다.

7회 9의 옆(좌1)칸이면서 2, 9, 16과 함께 역시 중복 타입으로 만들어질 수 있다.

19는 5회 24, 29와 결합되어 방향성 타입으로 나온다. 6회에서 26, 27, 보34와 묶여져 중타가 된다.

7회에서도 1, 9, 26 또는 9, 16, 26과 결합해 역시 중복 타입으로 되게 한다.

7회 26의 1칸 위다.

25는 4회 27, 40, 42와 결합해 중타로 나오게 할 수 있다. 5회 24, 40, 41과 함께 중복 타입이 된다.

6회에서 26의 옆 번호이면서 26, 27과 더불어 방타가 되게 할 수 있다. 또 14, 15, 26이

나 26, 27, 40 또는 27, 40, 42와 결합해 중복 타입으로 된다.

34는 4회 27, 40, 42나 5회 16, 24, 42 또는 5회 40, 41, 42와 함께 중복 타입으로 나오게 할 수 있다. 6회 보너스 번호이면서 역시 중복 타입으로 되게 한다.

7회에서 26, 보42와 함께 방향성 타입으로 되게 한다. 또 9, 25, 보42를 묶어 중복 타입으로 이뤄진다.

37은 4회에서 보2, 30과 결합해 방타로 된다. 그리고 31, 40, 42와 어울려 중복 타입으로 나올 수 있다. 5회 16, 24, 29로도 역시 중타로 되게 할 수 있다.

6회 보34, 40과 함께 방향성 타입을 이루게 한다. 7회 2의 상1 칸이면서 2, 9, 16과 묶여 중타로 된다.

39는 4회 30, 31, 40이나 5회 40, 41, 42 또는 6회 26, 27, 40 끝으로 7회 25, 26, 40과 결합해 중복 타입으로 나오게 할 수 있다. 6회 40의 좌1 칸 번호다.

타입 선택과 결합

(7회 9, 25, 40) = (8회 8, 19, 34)

(6회 26, 40, 42) = (8회 25, 37, 39)

추가 설명

(4회 31, 40, 42) = (8회 34, 37, 39)

(5회 16, 24, 29) = (8회 19, 25, 34)

(5회 16, 24, 40) = (8회 19, 25, 37)

(5회 29, 40, 42) = (8회 8, 37, 39)

(5회 16, 29, 41) = (8회 8, 19, 34)

(6회 15, 26, 42) = (8회 8, 25, 37)

(6회 14, 40, 42) = (8회 25, 37, 39)

(6회 15, 26, 40) = (8회 8, 25, 39)

(6회 15, 40, 42) = (8회 8, 37, 39)

(6회 14, 보34, 42) = (8회 19, 25, 39)

(7회 9, 26, 40) = (8회 8, 25, 39)

(7회 9, 25, 40) = (8회 8, 25, 37)

중복 타입

8, 19, 37, 39 (44를 이용하면 타입이 만들어짐)

참고로 5개 번호로 이뤄진 확장성 중복 타입이 있다.

바로 8회 8, 25, 37과 8, 19, 34는 같은 타입이다.

저자의 눈

다시 강조한다. 반드시 저자의 설명대로 해야 하는 건 아니라는 점이다.

하지만 이 자리에서는 일단 저자의 설명 그대로 따라와 보길 바란다.

목표 회차(8회)의 바로 앞인 7회 **25**를 그대로 선택한다. (1개)

이어서 7회 40을 좌로 1칸 옮겨 **39**로 나오게 한다. (2개)

구해 둔 8회 25, 39의 모양을 보자. 2·0이다. 즉 2행·0열 간격이다. 이 모양과 같은 게 4회, 6회, 7회에 있는데 6회 26, 40의 모양을 이용하려고 한다. 이 모양을 포함하고 있는 6회 26, 40, 42의 타입을 이미 찾아둔 8회 25, 39로 전개하면 8회 25, **37**, 39의 타입으로 만들 수 있다. (3개)

네 번째 번호다. 다시 8회 25, 39의 모양을 보자. 이 모양과 같은 게 6회 14, 42다. 따라서 이 모양을 포함하고 있는 6회 14, 보34, 42의 타입을 이미 구해 둔 8회 25, 39로 전개하면 8회 **19**, 25, 39의 타입으로 나오게 할 수 있다. (4개)

다섯 번째 번호다. 8회 19, 25의 모양을 보자. 1·1이다. 즉 1행·1열 간격이다. 이 모양과 같은 게 5회 16, 24다. 따라서 이 모양을 포함하고 있는 5회 16, 24, 29의 타입을 앞에서 찾아둔 8회 19, 25로 전개하면 8회 19, 25, **34**의 타입으로 되게 할 수 있다. (5개)

마지막 번호다. 8회 19, 34의 모양을 보자. 2·1이다. 즉 2행·1열 간격이다. 이 모양과 같은 게 7회 25, 40이다. 따라서 이 모양을 포함하고 있는 7회 9, 25, 40의 타입을 앞에서 찾아둔 8회 19, 34로 전개하면 8회 **8**, 19, 34의 타입으로 되게 할 수 있다. (6개)

	9회			10회			12회

개별번호 선택 과정

2는 9회 당첨 번호다.

11은 10회 25, 30, 44와 결합해 중복 타입으로 되게 할 수 있다.

21은 11회에서 보14의 아래 칸이면서 방타와 중타로 되게 한다.

25는 10회 당첨 번호다.

39는 9회 당첨 번호이면서 10회에서 중타와 11회에서 방타로 되게 한다.

45는 9회에서 중타를 이루게 하고 10회 44의 옆 번호다. 11회에서 역시 중복 타입으로 되게 한다.

한편 앞의 39에 대해 언급하면 앞으론 위의 글처럼 작성하지 않고 좀 더 간략하게 기술하려고 한다. 즉 '9회 당번이다', '10회에서 중타를 이룬다', '11회에서 방타로 되게 한다' 세 문장 가운데 어느 한 문장을 택해서 '예를 들어 보이는 것'으로 하려고 한다.

타입 선택과 결합

10회 파란색 밑줄 번호(**청번**)인 25, 30, 44와 12회 파란색 밑줄 번호인 2, 11, 25는 같은 타입이다.

10회 빨간색 밑줄 번호(**적번**)인 9, 33, 41과 12회 빨간색 밑줄 번호인 21, 39, 45도 같은 타입이다.

추가 설명

9회 2, 16, 36과 12회 25, 39, 45는 같은 타입이다.

좀 어렵겠는데 10회 9, 30, 44와 12회 11, 25, 39도 같은 타입이다.

여기서 10회 9, 30, 44를 **상3우2** 칸으로 이동시켜 보면 12회 11, 25, 39로 된다는 것을 알 수 있을 것이다.

('상3우2 칸으로의 이동'은 용지(번호 표시 용지)에서 특정 번호를 위로 3칸 올리고 이어서 우로 2칸 옮기는 것을 의미한다.)

중복 타입

11, 21, 25, 39

저자의 눈

최근에 나온 번호 2개 정도를 선택(미세조정 포함)해보라고 언급해 왔는데 여기서도 이런 식으로 작업하자.

9회 **2**와 **39**를 그대로 선택한다. (2개) (12회 2, 39를 구했다는 의미다)

이제 두 번호의 위치 관계를 차분히 들여다보길 바란다. 아직 '감'을 못 잡을 수도 있을 것이다. 일단 그냥 지나가자.

저자가 자주 언급해 왔는데 '나왔던 타입이 또 나온다'라는 점이다.

따라서 이점을 이용해 10회 25, 33, 41이라는 방향성 타입을 활용하려고 한다. 이제, 이 타입을 앞에서 찾아둔 2와 39로 전개하면 12회 2, 39, **45**라는 방향성 타입인 동형 타입을 만들 수 있다는 것이다. (3개)

네 번째 번호다. 이제 시선을 9회로 돌려보면 2, 16, 36이라는 타입이 보일 것이다. 이 타입을 이미 구해 두었던 39, 45로 전개하면 12회 **25**, 39, 45라는 타입을 만들 수 있을 것이다. (4개)

다섯 번째 번호다. 다음 타입을 생각하자. 좀 어려운 타입일지 모르겠다.

바로 10회 9, 33, 41이라는 타입인데 41, 상1좌1 칸(33), 상3좌3 칸(9)으로 생각해내면 되겠다. 이 타입을 이미 구해 두었던 39, 45로 전개하면 12회 **21**을 구할 수 있다. (5개)

이때 어떤 독자들은 14, 39, 45라는 같은 타입을 만들어 봄으로써 14를 선택할 수도 있을 것이다. 좋은 독자들이다. 그런데 여기는 로또다. 단지, 운이 14가 아닌 21을 선택한 것으로 생각하자.

마지막 번호다. 10회 30, 44와 12회 25, 39는 서로 같은 모양이다. 따라서 이 모양을 포함하고 있는 10회 9, 30, 44의 타입을 앞에서 준비해 둔 12회 25, 39로 전개하면 12회 **11**, 25, 39의 타입으로 나오게 할 수 있다. (6개)

	11회	13회	14회	**15회**

개별번호 선택 과정

3은 13회 23, 25, 38과 함께 중복 타입을 이룬다. 14회 2의 옆 번호다.

4는 14회 6, 12, 40과 결합해 역시 중복 타입으로 나오게 할 수 있다.

16은 13회 23의 위 칸이다. (15회 기준으로 2전 내 회차에서)

30은 13회 23과 37 관계에서 사이 칸이다.

31은 14회 당첨 번호다.

37은 13회 당첨 번호다.

타입 선택과 결합

14회 청색인 12, 33, 40과 15회 청색인 16, 30, 37은 같은 타입이다.

(14회 12, 33, 40) = (15회 16, 30, 37)

13회 적색인 23, 37, 38과 15회 적색인 3, 4, 31도 같은 타입이다.

(13회 23, 37, 38) = (15회 3, 4, 31)

추가 설명

11회 1, 36, 37과 15회 30, 31, 37은 같은 타입이다.

(11회 1, 36, 37) = (15회 30, 31, 37)

13회 25, 보26, 38과 15회 3, 4, 16은 같은 타입이다.

(13회 25, 보26, 38) = (15회 3, 4, 16)

14회 6, 12, 40과 15회 3, 31, 37은 같은 타입이다.

(14회 6, 12, 40) = (15회 3, 31, 37)

중복 타입

3, 16, 30, 31

3, 4, 30, 31

저자의 눈

최근에 나온 타입이 다시 나타나는 경향이 있다고 언급해 왔다. 같은 타입이 있는지 확인해보는 습관을 유지하자.

도표에 없는 12회의 11, 39, 45와 14회 6, 12, 40은 같은 타입이다. 여기서 14회 6, 12의 도양을 보자. 1·1이다. 즉 1행·1열 간격이다.

앞의 타입이 목표 회차에서도 나타나게 하려면, 역시 앞의 모양대로 먼저 만들어야 한다. 어떻게 해야 할까. 그것은 13회 37과 14회 31을 그대로 선택해 15회 **31**, **37**로 나오게 하면 된다. (2개)

15회 31, 37과 14회 6, 12는 같은 모양이다. 따라서 이 모양을 포함하고 있는 14회 6, 12, 40의 타입을 앞에서 미리 구해 둔 15회 31, 37로 전개하면 15회 **3**, 31, 37의 타입으로 되게 할 수 있다. (3개)

네 번째 번호다. 다시 15회 31, 37의 모양을 보자. 이 모양과 같은 게 11회 1, 37이다. 따라서 이 모양을 포함하고 있는 11회 1, 36, 37의 타입을 앞에서 찾아둔 15회 31, 37로 전개하면 15회 **30**, 31, 37로 만들 수 있다. (4개)

다섯 번째 번호다. 15회 30, 31의 모양을 보자. 0행·1열 간격이다. 이 모양과 같은 게 13회 37, 38이다. 따라서 이 모양을 포함하고 있는 13회 23, 37, 38의 타입을 이미 구해 둔 15회 30, 31로 전개하면 15회 **16**, 30, 31의 타입으로 나타나게 할 수 있다. (5개)

마지막 번호다. 15회 3, 16을 보자. 2·1이다. 즉 2행·1열 간격이다. 이 모양과 같은 게 13회 25, 38이다. 따라서 이 모양을 포함하고 있는 13회 25, 보26, 38의 타입을 15회 3, 16으로 전개하면 15회 3, **4**, 16이라는 타입으로 나오게 할 수 있다. (6개)

이처럼 하나씩 타입을 만들어가면서 역시 하나씩 번호를 구하면 될 것이다.

17회 (7)

14회	15회	16회	**17회**

개별번호 선택 과정

3은 15회 당첨 번호이면서 16회 38의 아래 칸이다.

4는 15회 당첨 번호다.

9는 2전 회차인 15회 16의 위 칸이다.

17은 16회 24의 위 칸이다.

32는 15회에서 30, 31과 함께 방향성 타입을 이루고 3, 4, 31과 결합해 중복 타입으로 나오게 한다.

37은 15회, 16회 당첨 번호다.

타입 선택과 결합

(15회 3, 31, 37) = (17회 3, 9, 17)

(16회 24, 보33, 38) = (17회 4, 32, 37)

추가 설명

(14회 12, 31, 40) = (17회 9, 32, 37)

(15회 3, 4, 31) = (17회 3, 4, 17)

(16회 6, 7, 40) = (17회 3, 4, 37)

중복 타입

3, 4, 9, 37

3, 4, 17, 32

3, 9, 17, 37

저자의 눈

최근에 나타난 당첨 번호인 15회 **3**과 **37**을 그대로 선택한다. (2개)

이어서 15회 31을 우로 1칸 차분하게 옮겨 **32**로 만들어둔다. (3개)
이렇게 해서 17회 3, 32, 37이라는 세 번호를 준비해 두었다.

그런데 왜 이렇게 했을까? 그냥 '감'으로 작업한 게 아니다. 바로 15회의 타입과 17회의 타입이 서로 같아지도록 하기 위한 과정이라는 것이다. 즉 15회 4, 31, 37과 앞에서 구해 둔 17회 3, 32, 37은 같은 타입이라는 것이다.
자세히 보면 15회에서 번호 2개를 그대로 선택하고, 1개를 우로 1칸 옮겨 17회 번호로 나오도록 미세조정했다는 점이다. 이런 섬세한 작업과정을 잘 유념해 두길 바란다.

네 번째 번호다. 17회 32, 37의 모양을 보자. 이 모양과 같은 게 16회 보33, 38이다. 따라서 이 모양을 포함하고 있는 16회 24, 보33, 38의 타입을 앞에서 이미 준비해 둔 17회 32, 37로 전개하면 17회 **4**, 32, 37이라는 타입으로 만들 수 있다는 것이다. (4개)

15회 3, 4 두 번호가 17회에서 다시 나타났는데, 앞의 과정에서 알 수 있듯이 추첨에서 번호들이 다시 나타나는 식으로 생각하면 될 것이다.

어떤 '생각하는 과정'을 거치지 않고 단순하게(!) 15회 3, 4를 그대로 선택할 수도 있겠지만 독자들의 실력향상을 위해서는 체계적인 연습이 중요하다고 본다.

다섯 번째 번호다. 17회 3, 4의 모양을 보자. 0·1이다. 즉 0행·1열 간격이다. 이 모양과 같은 게 15회, 16회에 있는데 여기선 16회의 모양을 이용하고자 한다. 16회 6, 7의 모양을 포함하고 있는 16회 6, 7, 40의 타입을 이미 준비해 둔 17회 3, 4로 전개하면 17회 3, 4, **9**의 타입으로 나오게 할 수 있다. (5개)

앞에서 구한 9와 관련해, 17회 3, 4, 9, 37은 중복 타입이라는 것이다.

한편 15회 3, 4, 37과 16회 6, 7, 40과 17회 3, 4, 37은 모두 같은 정형 타입인데 특히 15회의 세 번호가 17회에서 다시 그대로 나타났다는 점이다.

마지막 번호다. 15회 16, 30, 31과 16회 24, 37, 38은 같은 타입인데, 이 타입이 17회에서 또 나오리라고 예상하면서 이미 구해 둔 17회 3, 4로 전개하면 17회 **17**을 찾아낼 수가 있다. (6개)

타입에 대해 좀 더 언급하면 17회 4, 9, 17과 3, 32, 37은 같은 타입인 쌍둥이 타입(TT)이고, 15회 3, 16, 31이라는 타입이 우로 1칸 이동되어 17회 4, 17, 32로 되었다는 점이다.

16회   18회   19회   **20회**

개별번호 선택 과정

10은 19회 보26, 38, 40과 결합해 중복 타입으로 되게 한다.

14는 18회 13의 옆이면서 방향성 타입을 이루게 한다.

18은 18회와 19회에서 중타(중복 타입)를 만든다. 18회 19의 좌1 칸이다.

20은 18회와 19회에서 역시 중타로 나오게 한다.

23은 1전 회인 19회 30의 위칸이다.

30은 19회 당번(당첨 번호)이다.

타입 선택과 결합

18회 12, 19, 32와 20회 10, 23, 30은 같은 타입이다.

19회 30, 38, 40과 20회 14, 18, 20도 같은 타입이다.

추가 설명

16회 24, 보33, 40과 20회 18, 23, 30은 같은 타입이다.

19회 30, 38, 40, 43과 20회 10, 18, 20, 23은 같은 타입인데, 19회 타입이 그대로 20회에서 다시 나타난 정형(원래 형태) 타입이다. 한마디로 4개 번호가 그대로 이동했다.

16회 24, 보33, 40과 20회 14, 23, 30은 같은 타입이다.

18회 3, 13, 19와 20회 14, 20, 30도 같은 타입이다.

중복 타입

10, 14, 18, 20

14, 18, 23, 30

저자의 눈

18회를 주시하자. 먼저 좌우 미세조정으로 5개의 번호를 구할 수 있다.

18회 13, 19, 보29를 우로 1칸씩 보내서 **14, 20, 30**으로 만들어낸다.

이어서 12를 좌로 2칸 옮겨 **10**으로, 또 19를 좌로 1칸 밀어 **18**로 해 둔다. (5개)

나머지 1개 번호는 어떻게 찾아야 할까. 5개 번호를 용지에 표시해보자.

표시된 10과 30의 위치 관계를 차분히 들여다보자. 그렇다.

바로 18회 12, 19, 32의 타입과 20회 10, 23, 30은 같은 타입임을 확인하면서 **23**을 당첨 번호로 만들 수 있다는 점이다. (6개)

이제부턴 차례대로 타입을 생성하면서 번호를 찾아보는 과정을 소개하려고 한다.

로또 번호에 대해 다양한 시각으로 생각해보라고 언급해 왔다.

비록 오래전에 추첨이 이뤄졌던 회차지만 차분히 검토해봄으로써 앞으로의 추첨에 잘 대비할 수 있지 않을까 생각해본다.

16회부터 19회까지 가운데 19회 30만이 유일하게 20회 당첨 번호로 나타났다. 여기서 생각해봐야 할 것은 최근의 번호 2, 3개 정도를 선택해보라고 언급해 왔던 저자의 말대로 했다가는 '1등 당첨'의 꿈은 사라지게 되는 것이다.

　우연을 기반으로 해서 나타나는 로또 당첨 번호들이다. 어쩔 수 없는 일 아닌가.
　최근의 당첨 번호가 20회에서 다시 나타난 것은 19회의 30 하나다.
　이렇듯 독자들은 다양한 상황을 접해보는 것도 중요하다 할 것이다.

　19회 **30**을 그대로 선택한다. (1개)

　16회부터 19회까지의 각 회차에서 **23**이 중복 타입을 만든다. (2개)

　앞의 23, 30 두 번호의 위치 관계 즉 모양을 보자. 어떤가. 위아래다.
　이제 이 모양을 포함하고 있는 타입을 찾아보자.

　16회 7, 보33, 40과 18회 3, 12, 19라는 타입인데 같은 타입이다.
　여기서 이 타입이 있는 회차를 보면 '건너뛰기' 출현을 예상할 수 있지 않을까.
　즉 16, 18회, 20회에서 출현하는 것으로 말이다. 따라서 20회에서 이 타입이 나올 것으로 생각해보자.

　앞서 23, 30을 준비해 두었었는데 여기에 **14**를 묶으면 앞의 해당 타입으로 나오게 할 수 있다는 것이다. (3개)

　네 번째 번호다. 지금 이 순간에 중복 타입을 생각하고 있다면 '참 좋은 독자다. 그렇다. 이미 만든 14, 23, 30에 **18**을 결합하면 중복 타입으로 된다. (4개)

다섯 번째 번호다. 이번엔 20회 23, 30의 모양을 보자. 1행·0열 간격이다. 이 모양과 같은 게 18회 12, 19다. 따라서 이 모양을 포함하고 있는 18회 12, 19, 32의 타입을 앞에서 이미 구해 둔 20회 23, 30으로 전개하면 20회 **10**, 23, 30의 타입으로 되게 할 수 있다. (5개)

20회 10과 관련해, 19회 30, 38, 43과 20회 10, 18, 23은 같은 타입이다. 또 앞에서 구했던 10은 17회, 18회, 19회에서 중복 타입을 만든다.
여기까지 찾아낸 번호는 20회 10, 14, 18, 23, 30이다.

마지막 번호다. 20회 10, 18의 모양을 보자. 1·1이다. 즉 1행·1열 간격이다. 이 모양과 같은 게 19회 30, 38이다. 따라서 이 모양을 포함하고 있는 19회 30, 38, 40의 타입을 이미 알아둔 20회 10, 18로 전개하면 20회 10, 18, **20**의 타입으로 만들 수 있다는 점이다. (6개)

추가로 이동에 대해 살펴보면 19회 30, 38, 40, 43을 상3우1 칸으로 보내면 20회 10, 18, 20, 23으로 나타나는 것을 알 수 있을 것이다.

| 19회 | 20회 | 21회 | 22회 |

개별번호 선택 과정

4는 21회 18, 32와 결합해 방향성 타입을 이룬다.

5는 전회(21회) 6과 12 사이의 직교 칸이다.

6은 전회 당번이다.

8은 20회 10, 18, 20과 또는 10, 23, 30과 함께 중타를 만든다.

17은 전회 당번이다.

39는 19회 당번이면서 20회에서 중타를 이루게 하며 전회 32의 아래 칸이다.

타입 선택과 결합

21회 12, 보21, 32와 22회 8, 17, 39는 같은 타입이고

19회 38, 39, 40과 22회 4, 5, 6도 같은 타입이다.

추가 설명

(19회 보26, 38, 39) = (22회 4, 5, 17)

(19회 30, 39, 43) = (22회 4, 8, 17)

(19회 6, 39, 40) = (22회 5, 6, 39)

(19회 38, 40, 43) = (22회 6, 8, 17)

(19회 6, 38, 40) = (22회 4, 6, 17)

19회에서 가상 번호 47을 거치면 됨

(20회 10, 23, 30) = (22회 4, 17, 39)

(20회 18, 20, 23) = (22회 6, 8, 17)

(20회 10, 14, 23) = (22회 4, 8, 17)

(21회 6, 12, 32) = (22회 5, 17, 39)

(21회 12, 17, 18) = (22회 5, 6, 39)

(21회 17, 31, 32) = (22회 4, 5, 39)

22회에서 가상 번호 46을 거치면 됨

중복 타입

6, 8, 17, 39

저자의 눈

최근에 나타난 당첨 번호 2, 3개 정도를 골라보라고 언급해 왔다. 19회와 21회에서 **6**이 나왔다. 이것을 선택하자. (1개)

다음이 좀 어렵다. 17일까 18일까 아니면 두 번호 다일까. 미리 언급하자면 두 번호를 모두 굳이 꼭 선택할 필요는 없다고 본다. 즉 17이나 18 가운데 하나를 선택하면 된다는 것이다.

이유는 이렇다.

첫째, 반자동으로 구매할 시에 로또 관리시스템이 6개 번호로 된 복권을 독자들에게 적절하게 제공할 것이라는 점이다. 즉 독자들이 몇 개의 번호를 잘 선택했다면 정하지 않은 나머지 개수의 번호들은 복권시스템이 효과적으로 내줄 것이라고 본다. 저자가 이 시스템을 들여다보진 못했지만 어떤 체계적인 절차에 의해 번호를 생성해주고 있다고 보기 때문이다.

둘째, 만일 번호를 잘못 선택했다면 결국 '줄줄이 사탕' 식으로 타입과 이에 관련된 번호들이 연쇄적으로 제대로 형성되지 않을 것이기 때문이다.

한마디로 잘 판단할 수 없을 땐 그 어떤 관련 번호를 선택하지 말라는 것이다.

여기선 **17**을 선택하는 것으로 하겠다. (2개)

세 번째 번호다. 도표를 보자. 19회에서 39가 보인다.

20회에서도 이 39를 뽑아낼 수 있을까? 된다. 20회 18, 20, 보41과 결합해 중복 타입으로 되게 한다.

또 39는 21회에서 32 아래 칸이면서 6, 12, 보21과 결합해 역시 중복 타입으로 나오게 할 수 있다. 자세히 보면 21회 6, 12, 39는 우리가 알고 있는 그림자 타입이다. 이렇게 해서 **39**를 구해냈다. (3개)

여기까지 6, 17, 39라는 세 번호를 준비해 두었는데, 가만히 보면 19회에선 6과 39가 21회에선 6과 17이 당첨 번호로 나왔다. 독자들도 이런 식으로 연관 지어 생각해보길 바란다.

네 번째 번호다. 이제 타입을 생성해가면서 나머지 3개 번호를 구해보자.

19회 6, 39, 40이라는 타입이다. 이 타입을 22회 6, 39로 전개하면 **5**를 찾아낼 수 있다는 것이다. (4개)

비록 앞에서 구한 6에다 붙이면 5가 되는 것일지라도.

다섯 번째 번호다. 먼저 두 번호의 위치 관계 즉 모양을 보자. 앞에서 찾아둔 17, 39라는 번호들이다. 이 모양과 같은 게 21회에 있다. 바로 12와 32다. 따라서 12와 32를 포함하는 타입인 21회 12, 보21, 32를 생각해 두자는 것이다.

그런데 여기서 왜 보21을 포함한 것인가? 아래 설명에서 알게 될 것이다.

어쨌든 이 타입을 22회 17, 39로 전개하면 8, 17, 39로 만들 수 있다는 것이다. 이렇게 해서 **8**을 구했다. (5개)

이렇게 해놓고 보니 타입 상에서의 번호 위치를 보면, 21회 보21이 22회 8로 나오게 된 셈인데 다음을 또 보자.

마지막 번호다.

20회 10, 14, 23이라는 타입이다. 이 타입을 상1우1 칸으로 이동시켜 보면 22회 4, 8, 17로 나타나는 것을 알 수 있다. 8과 17은 이미 구했던 번호이므로, 이렇게 해서 **4**를 찾을 수 있게 되었다. (6개)

정리하면 '타입 선택과 결합', '추가 설명', '저자의 눈'에서 알 수 있듯이 어떤 특정 타입들로만 당첨 번호 6개를 형성하지 않는다는 점이다.

한마디로 다양한 타입들로 묶어, 해당 목표 회차로 나오게 할 수도 있다는 점을 명심해야 할 것이다.

| 19회 | 21회 | 22회 | **23회** |

개별번호 선택 과정

5는 전회(22회) 당첨 번호다.

13은 21회 6과 12 사이의 직교 칸이다.

17은 전회 당번이다.

18은 2전 회 당번이다.

33은 21회 32의 옆 번호이면서 방향성 타입을 만든다. 22회에서 방향성 타입과 중복 타입을 이루게 한다.

42는 21회 6, 12, 18과 함께 또는 22회 8, 17, 보25와 결합해 중타를 생성한다.

타입 선택과 결합

22회 4, 5, 17과 23회 17, 18, 33은 같은 타입이다.

21회 6, 12, 보21과 23회 5, 13, 42도 같은 타입이다.

추가 설명

19회 6, 38, 43과 23회 17, 33, 42는 같은 타입이다.

21회 6, 12, 보21과 23회 5, 13, 18은 같은 타입이다.

21회 12, 17, 32와 23회 13, 18, 33도 같은 타입이다.

중복 타입

5, 13, 18, 42

5, 17, 18, 33

저자의 눈

21회 쪽으로 가보려고 한다. 먼저 12, 17, 32라는 타입을 주시하자.

그럼 왜 이 타입인가. 바로 19회 6, 보26, 39와 같은 타입이라는 것이다. 결국, 이 타입이 19회, 21회, 23회에서 이른바 '건너뛰기' 출현을 했다는 의미다. 이런 점을 미리 알고 시작하자.

21회 **18**을 그대로 선택하는 것으로 하겠다. (1개)

이어서 18을 고정하고 앞에서 언급했던 타입으로 만들기 위해 12와 32를 오른쪽으로 1칸씩 옮겨 각각 **13**과 **33**으로 나오게 하면 되겠다. (3개)

끝수가 같다.

참고로, 21회 12, 17, 32를 우로 1칸씩 옮겨 13, 18, 33으로 만들어도 될 것이다. 생각의 과정이 다를 수도 있는 것이므로.

네 번째 번호다. 23회의 1전 회인 22회 **5**를 그대로 선택하는 것으로 하겠다. (4개)

참고로 21회에서 6을 좌로 1칸 옮기면 되는데, 21회 6과 12 사이의 직교 칸이 5라는 것이다. 이렇게 해서 5를 구해냈다.

그런데 왜 5를 선택했을까? 바로 21회 6, 12, 보21과 23회 5, 13, 18은 같은 타입이라는 것이다. 이렇게 타입을 맞추기 위해 5를 뽑아낸 것이다.

잘 음미해보면 이해가 되리라고 보며, 아마도 어떤 독자들은 회심의 미소를 지을지도 모르겠다. 찾아낸 4개 번호 23회 5, 13, 18, 33을 용지에 표시해 두자.

이제 전 회차(22회)에서 4, 5, 17의 타입을 보자. 이 타입을 앞의 네 번호 쪽으로 유도하려고 한다. 어떻게 작업하면 될까.

바로 18에 17을 붙여서 23회 5, 17, 18의 타입으로 만들면 된다는 것을 직관적으로 알 수 있을 것이다. 이렇게 해서 **17**을 구했다. (5개)

이때 보다시피 23회 5, 17, 18, 33이라는 중복 타입이 나타났다. 앞에서처럼 특정 타입을 이용해 17을 알아냈는데, 여기에서처럼 중복 타입을 만들어 봄으로써 바로 17을 구할 수도 있다는 것이다.

마지막으로 '개별번호 선택 과정'에서 찾아낸 식으로, 또는 5, 13, 18과 결합해 중복 타입으로 나오게 하는 식으로 해서 **42**를 구하면 되겠다. (6개)

또는 21회 12, 17, 32와 23회 13, 33, 42도 같은 타입임을 이용해 42를 찾아낼 수도 있을 것이다.

32회 (11)

29회   31회   **32회**

타입 선택과 결합

(31회 9, 18, 28) = (32회 25, 34, 44)

(29회 5, 34, 39) = (32회 6, 14, 19)

추가 설명

(29회 5, 보11, 34) = (32회 6, 19, 25)

(31회 18, 28, 보32) = (32회 6, 34, 44)

32회 44를 2로 대체한 후 타입을 만들면 됨

(31회 9, 18, 보32) = (32회 6, 25, 34)

중복 타입

6, 14, 19, 25, 34 (확장성 중복 타입)

저자의 눈

먼저 독자들이 찾아볼 게 있다. 소스 회차 29회, 31회에서 같은 타입으로 나온 게 있는데 알아보길 바란다. 힌트로는 두 회차에서 보너스 번호가 이용된다.

29회 보11, 34, 39와 31회 9, 18, 보32는 같은 타입이다. 따라서 이 타입이 32회 목표 회차에서 또 나오리라고 예상하고 전개해보자.

29회 34가 보일 것이다. 마치 바다에서 선박을 안내하는 등대 불빛처럼 이 번호의 역할도 똑같다. 이제 앞의 31회 9, 18, 보32의 타입이 32회로 전개되어 34를 포함하는 정형 타입으로 그러니까 동형 타입 중에서도 원래 형태의 타입으로 나오게 하면 된다는 것이다. 한마디로 일반이동을 거쳐 원래 타입 그대로로 해서 34를 포함한 채 나타나게 하면 되겠다. 바로 31회 9, 18, 보32를 하2우2 칸으로 보내면 32회 **6, 25, 34**로 나오게 된다는 것이다. (3개)

여기서 구해 둔 세 번호에 간단히 언급해보겠다. 6은 29회 5와 13 사이의 직교 칸이고, 25는 31회에서 중복 타입을 만들고 18과 보32의 사이 칸이다. 34는 29회 당첨 번호이고 31회 35의 옆 번호다.

이처럼 타입을 이용하든 번호 이동을 이용하든, 일정한 작업을 통해 나온 번호들이 최근 회차의 당첨 번호들과 어떤 관계를 이루고 있는지 독자들은 유심히 살펴볼 필요가 있다는 것이다.

네 번째 번호다. 이젠 좀 어려워 보이고 집중력을 요구하는 단계로 들어섰다. 앞에서 구했던 32회 세 번호를 '용지'에 표시하자. 이렇게 한 후에 6과 25 사이의 **위치 관계**를 주의 깊게 살펴보면 상3우2 칸 또는 하3좌2 칸 또는 하3우2 칸 또는 상3좌2 칸인데 어느 것으로 정해놓고 생각해도 되겠다.

그런데 이렇게 32회 두 번호의 상호위치 관계와 같은 게 29회에 있다는 것이다. 여기서 눈

치가 빠른 독자들은 알아챘을 것이다. 그렇다. 어떤 특정 타입을 구하기 위한 사전 포석으로서 해당 타입에 포함된 특정 모양을 미리 알아보면 되는데, 29회에서 앞의 32회의 모양과 같은 것을 찾을 수 있다는 점이다. 이해했으리라고 본다. 그럼 29회의 어느 번호들일까?

바로 29회 보11, 34 두 번호다. 위치 관계를 보면 쉽게 알 수 있을 것이다. 이 두 번호에 5를 묶어 드디어 5, 보11, 34라는 타입을 만들어냈다.

이 타입을 아래로 2칸 그대로 내려보면 32회 6, 19, 25가 나오는데, 6과 25는 이미 앞서 구해 둔 번호이므로 같이 이동해 나온 **19**를 자연스럽게 찾아낼 수 있다는 것이다. (4개)

다섯 번째 번호다. 꼭 이렇게 알 필요는 없지만 29회 5, 13, 40과 32회 6, 14, 34는 같은 타입으로 생각하자는 것이다. 단 29회에서 가상 번호 47을 이용해 타입을 만들어야 한다.

또 다른 식으로 생각해보려고 하는데 29회 5, 34, 39라는 타입을 보자. 이 타입과 같게 하려면 이미 구해 둔 32회 6, 19에 14를 묶으면 된다는 것을 알 수 있을 것이다. 이렇게 해서 **14**를 찾아냈다. (5개)

마지막 번호다. 저자가 강조해 왔는데 '최근의 회차에서 출현했던 타입이 또 나타나는 경향이 있다'라는 점이다. 29회 1, 보11, 34라는 타입이 그 예를 보여주고 있다. 이 타입이 31회에서 또 나왔는데 바로 9, 18, 28이라는 것이다.

이제 앞의 31회 9, 18, 28의 타입이 32회에서 다시 나오리라고 예상하면서, 이 타입을 이미 구해 두었던 32회 25, 34로 전개하면 32회 25, 34, **44**의 타입으로 만들 수 있다는 점이다. (6개)

31회	33회	34회

타입 선택과 결합

31회 9, 18, 35와 34회 9, 26, 35는 같은 타입이고

33회 4, 7, 보9와 34회 37, 40, 42도 같은 타입이다.

추가 설명

(31회 9, 18, 23) = (34회 26, 35, 40)

(31회 18, 보32, 35) = (34회 26, 37, 40)

(31회 7, 9, 23) = (34회 26, 40, 42)

(31회 7, 18, 보32) = (34회 9, 26, 40)

(33회 4, 7, 32) = (34회 26, 37, 40)

(33회 7, 33, 40) = (34회 26, 35, 42)

(33회 4, 32, 41) = (34회 26, 35, 40)

중복 타입

9, 26, 37, 40

35, 37, 40, 42

저자의 눈

31회 당첨 번호이고 33회 보너스 번호인 **9**를 선택하는 것으로 하고,

또 31회 당첨 번호고 33회에서 중복 타입으로 되게 하는 **35**를 뽑아낸다.

이렇게 해서 번호 2개를 구해 두었다.

세 번째 번호다. 앞의 두 번호가 서로 많이 떨어져 있는 것처럼 보이지만 2·2다. 즉 2행·2열 간격이다. 이 모양과 같은 게 31회 7, 23이다. 따라서 이 모양을 포함하고 있는 31회 7, 9, 23의 타입을 앞에서 이미 구해 둔 34회 9, 35로 전개하면 결국 34회 9, 35, 37이라는 타입을 만들 수가 있다. 이렇게 해서 **37**을 찾아냈다. (3개)

네 번째 번호다. 목표 회차의 1전 회인 33회로 가보자. 33회 4, 7, 보9의 타입이 눈에 들어온다. 이 타입을 앞서 이미 구해 둔 34회 35, 37로 전개하면 **40**을 구할 수 있다는 것이다. (4개)

여기까지 34회 9, 35, 37, 40 네 번호를 찾아냈다.

이젠 독자들도 잘 알다시피, 추첨에서 중복 타입이 자주 나타난다고 언급해 왔다. 지금까지 구해 둔 4개 번호를 이용해 중복 타입을 만듦으로써 2개 번호를 추가로 찾아낼 수 있다는 점이다.

다섯 번째 번호다. 31회 18, 보32, 35와 33회 4, 7, 32와 34회 9, 37, 40은 같은 타입인데,

34회에서 9, 26, 37, 40으로 타입을 만듦으로써 즉 중복 타입으로 되게 해서 34회 **26**을 구할 수 있다는 것이다. (5개)

그런데 중복 타입을 이용하지 않고 지금까지처럼 같은 '일반 타입(GT)'을 생성함으로써 해당 번호를 구할 수도 있는데 31회 7, 18, 보32와 같은 타입이 34회 9, 26, 40이라는 것이다. 이렇게 해서도 26을 찾을 수 있겠다.

마지막 번호다. 34회 35, 37, 40과 34회 37, 40, 42는 같은 타입임을 이용해 중복 타입으로 나타나게 할 수 있으므로 이렇게 해서 34회 **42**를 찾을 수 있다는 것이다. (6개)

31회 7, 9, 23과 34회 26, 40, 42는 같은 타입인데 이런 식으로도 42를 구할 수 있겠다.

참고로 어떤 회차 안에서 2개의 같은 타입을 쌍둥이 타입(TT)이라고 부르는데 34회 목표 회차에서 나왔다. 어렵지 않으니 독자들이 직접 알아보길 바란다.

32회   33회   **35회**

타입 선택과 결합

(32회 6, 19, 25) = (35회 3, 11, 26)

(33회 4, 32, 40) = (35회 2, 37, 43)

추가 설명

(32회 보11, 19, 25) = (35회 2, 37, 43)

(32회 보11, 19, 34) = (35회 3, 11, 26)

(32회 19, 25, 34) = (35회 3, 37, 43)

(33회 32, 33, 41) = (35회 2, 3, 11)

(33회 33, 40, 41) = (35회 2, 3, 37)

(33회 7, 33, 41) = (35회 3, 11, 37)

(33회 7, 33, 40) = (35회 2, 11, 37)

(33회 7, 32, 41) = (35회 3, 11, 43)

중복 타입

2, 3, 11, 43

3, 11, 26, 37 (45를 거치는 것으로 해서)

저자의 눈

32회 보너스 번호이고 33회에서 4의 아래 칸이면서 방향성 타입과 중타를 만들 수 있는 게 **11**이다. 따라서 이 번호를 차분하게 선택하자. (1개)

이어서 32회 19와 25 사이의 직교 칸이면서, 33회에서 중복 타입과 방향성 타입으로 되게 하는 번호가 **26**이다. (2개)

이렇게 해서 35회 11, 26 두 번호를 준비했다. 두 번호의 모양을 보자. 2행·1열 간격이다. 이 모양과 같은 게 32회 19, 34다. 따라서 이 모양을 포함하고 있는 32회 보11, 19, 34의 타입을 앞에서 구해 둔 35회 11, 26으로 전개하면 35회 **3**, 11, 26의 타입으로 만들 수 있다. (3개)

자세히 보면 32회 보11, 19, 34의 타입이 상1좌1 칸으로 이동해 35회 3, 11, 26으로 나왔다는 점이다. 바로 일반 이동이라는 것이다.

네 번째 번호다. 35회 3, 11의 모양을 보자. 1·1이다. 즉 1행·1열 간격이다. 이 모양과 같은 게 33회 33, 41이다. 따라서 이 모양을 포함하고 있는 33회 32, 33, 41의 타입을 이미 찾아둔 35회 3, 11로 전개하면 35회 **2**, 3, 11의 타입으로 되게 할 수 있다. (4개)

다섯 번째 번호다. 35회 2, 3의 모양을 보자. 0행·1열 간격이다. 이 모양과 같은 게 33회 40, 41이다. 따라서 이 모양을 포함하고 있는 33회 33, 40, 41의 타입을 앞에서 준비해 둔 35회 2, 3으로 전개하면 35회 2, 3, **37**의 타입으로 나타나게 할 수 있다. (5개)

자세히 보면 33회 7, 33, 40, 41 네 번호가 형태 그대로로 해서 35회 2, 3, 11, 37로 나온 것임을 알 수 있을 것이다. 즉 번호 이동을 했다.

마지막 번호다. 35회 2, 37의 모양을 보자. 주의할 게 여기선 37의 아래 칸이 44로 생각하자는 것이다. 즉 2의 위 칸이 44라는 것이다. 이렇게 생각하면 35회 2, 37의 모양은 2·0이 된다. 즉 2행·0열 간격이다. 이 모양과 같은 게 33회 4, 32다. 따라서 이 모양을 포함하고 있는 33회 4, 32, 40의 타입을 35회 2, 37로 전개하면 35회 2, 37, **43**의 타입으로 나오게 할 수 있다는 것이다. (6개)

한편, 타입을 선택해 전개하는 과정이 아닌 중복 타입을 이용해 바로 43을 구할 수도 있다. 도표를 보면 바로 알 수 있듯이 35회 2, 3, 11이라는 일반 타입과 35회 2, 3, 43이라는 일반 타입이 같은데, 결국 35회 2, 3, 11, 43이라는 중복 타입을 만들 수 있다는 것을 확인함으로써 35회 43을 찾아낼 수도 있다는 것이다.

32회   33회   34회   **36회**

타입 선택과 결합

(32회 14, 19, 34) = (36회 1, 10, 23)

(34회 26, 40, 42) = (36회 26, 28, 40)

추가 설명

(32회 보11, 14, 25) = (36회 23, 26, 40)

(33회 4, 7, 33) = (36회 10, 23, 26)

(34회 37, 40, 42) = (36회 23, 26, 28)

(34회 26, 37, 40, 42) = (36회 23, 26, 28, 40)

(지면 관계상 일부 생략함)

중복 타입

1, 23, 26, 40

저자의 눈

34회 당첨 번호로 **26**이 보인다. 이 번호를 선택하자. (1개)

33회, 34회에서 **40**이 당번으로 나왔는데 이것도 뽑아내자. (2개)

이 두 번호의 모양을 보면 위아래로 2칸 떨어져 있는 것을 볼 수 있다.

즉 2행·0열 간격이다. 이제 이 모양을 포함하고 있는 최근의 회차를 살펴보자. 바로 32회 보11, 14, 25와 33회 4, 7, 32와 34회 26, 37, 40이라는 타입들이다. 3회차에서 연속으로 나왔다. 그런데 이 타입이 36회에서 또 나올까 확신이 서지 않을 수도 있을 것이다. 최근의 타입이 계속 나타날 수는 없지 않은가에서다. 이렇게 생각하고 보니 이 타입을 선택해야 할지 고민되게 한다.

이런 식으로 어떤 '생각하는 과정'을 거쳐볼 수도 있다는 것이다.

이렇게 생각을 해본 후에 혹시 앞의 타입이 36회에서 또 나타날 수 있는지 알아보는 것도 괜찮을 것 같다.

32회, 33회, 34회에서 연속으로 중타로 만들 수 있는 번호가 있는데 바로 23이다. 또 34회에서 방향성 타입을 이루게 한다. 따라서 23을 선택할 수도 있지 않을까. 만일 이렇게 한다면 앞에서 미리 구해 둔 26, 40과 함께 즉 **23**, 26, 40이라는 타입을 만들 수 있다는 것이다. (3개)

네 번째 번호다. 계속 차분히 들여다보길 바란다. 앞에서 구해 둔 23과 26의 위치 관계 즉 모양을 본 후에 33회와 34회를 보면 같은 게 있는 것을 볼 수 있을 것이다. 즉 이 모양을 포함하고 있는 타입으로 33회 4, 7, 보9와 34회 37, 40, 42라는 타입이다.

그렇다. 이 타입이 36회에서 또 나오리라고 예상하면서 23, 26, 28이라는 타입을 만들어낼 수 있다는 점이다. 이렇게 해서 **28**을 찾았다. (4개)

28과 관련해 34회 26, 40, 42와 36회 26, 28, 40은 같은 타입임을 알 수 있다.

다섯 번째 번호다. 항상 중복 타입을 이용해 번호를 구할 수 있는 것은 아니지만 여기서도 이렇게 할 수 있다. 앞에서 구해 둔 36회 23, 26, 40에 1을 묶으면 중복 타입으로 나오게 할 수 있다는 것이다. 이렇게 해서 **1**을 만들어냈다. (5개)

마지막 번호다. 32회 14, 34와 36회 1, 23은 같은 모양이다. 따라서 이 모양을 포함하고 있는 32회 14, 19, 34의 타입을 36회 1, 23으로 전개하면 1, 10, 23이라는 타입을 만들 수 있을 것이다. 이런 과정을 통해 **10**을 구했다. (6개)

참고로 34회에서 1-2-3 법칙으로 36회의 번호 6개를 구할 수도 있다.
보2를 좌로 1칸 옮겨 **1**로 만든다. (1개)
9를 우로 1칸 보내 **10**으로 나오게 한다. (2개)

좀 어려워 보일 수도 있는데 26을 좌로 3칸 이동시켜 **23**으로, **26**을 그대로, 26을 우로 2칸 밀어 **28**로 나타나게 하면 여기에서만 3개 번호를 추가로 구한 셈이 된다. (5개)
앞에서 구한 36회 23, 26, 28은 34회 37, 40, 42와 같은 타입으로서 한마디로 34회 타입이 위로 2칸 그대로 옮겨진 것이다.

끝으로 **40**을 그대로 선택하면 된다. (6개)

참고로 32회 14, 19, 34와 36회 1, 10, 23은 같은 타입인데, 34회에서 어떻게 하면 36회 타입으로 만들어지는지를 생각해보길 바란다. 알다시피 많이 생각하는 과정을 거쳐야 '로또 실력'이 향상되는 것 아니겠는가.

| 32회 | 34회 | 36회 | **37회** |

타입 선택과 결합

(32회 14, 34, 44) = (37회 7, 27, 37)

(36회 23, 26, 28) = (37회 30, 33, 35)

추가 설명

(32회 6, 14, 34) = (37회 7, 27, 35)

(32회 6, 보11, 25) = (37회 7, 30, 35)

(32회 보11, 14, 19) = (37회 27, 30, 35)

(34회 보2, 37, 40) = (37회 30, 33, 37회)

(34회 37, 40, 42) = (37회 30, 33, 35)

(34회 35, 40, 42) = (37회 30, 35, 37)

(34회 26, 40, 42) = (37회 7, 33, 35)

(36회 23, 26, 보31) = (37회 27, 30, 35)

(35회 3, 37, 보39) = (37회 27, 33, 35)

(36회 26, 28, 40) = (37회 7, 33, 35)

(36회 1, 23, 보31) = (37회 7, 27, 33)

(36회 23, 26, 보31) = (37회 27, 30, 35)

중복 타입

27, 30, 33, 37

7, 33, 35, 37

저자의 눈

여기에선 번호 이동과 타입에 대해 함께 알아보고자 한다.

34회 37, 40, 42와 36회 23, 26, 28은 같은 타입인데 34회로 가보자. 나왔던 타입이 또 나올 것으로 예상하면서 37회의 어느 번호로 전개하는 것으로 할까.

여기서 생각나는 작업 특성이 있을 터인데 '이동해 나온 도착지 번호가 해당 소스 회차의 당첨 번호'라는 것이다. 즉 34회 35가 당첨 번호인데 34회 37, 40, 42의 타입이 위로 1칸 이동해 37회 **30, 33, 35**로 나타났다는 것이다. (3개)

다시 본다면 34회 42가 위로 1칸 이동해 34회의 원 당첨 번호인 35로 나타났는데 결국 이 번호가 37회 당첨 번호로 되었다는 의미다.

네 번째 번호다. 34회 보2가 34회 세 번호의 움직임 때 같이 이동해 **37**로 나왔다고 생각할 수도 있고 또는 34회 **37**을 그대로 선택한 것으로 해도 되겠다. 이렇게 해서 37을 구했다. (4개)

다섯 번째 번호다. 이번엔 36회로 시선을 옮겨보자. 앞에서 언급했던 타입인 36회 23, 26, 28을 앞의 이동 방향과는 반대인 아래로 1칸 내리면 37회 30, 33, 35로 나온다. 이때 1

을 같이 아래로 보내면 8이 나오는데 미차 운동으로 **7**이 된다는 것이다. (5개)

마지막 번호다. 소스 회차의 특정 번호가 위 또는 아래로 1칸 움직일 때 동시에 왼쪽이나 오른쪽으로도 1칸 이동할 수 있다는 내용을 독자들은 기억할 것이다. 물론 항상 이런 과정으로 꼭 이뤄지는 것은 아니지만.

따라서 36회의 해당 타입이 아래로 1칸 이동될 때, 동시에 26이나 28을 옆으로 1칸 차분히 옮겨 **27**로 만들면 된다는 것이다. (6개)

27을 만들기 위해 그냥 생각나는 대로 작업하진 않았을 법. 여기서도 마찬가지인데 바로 같은 타입을 만들기 위해서다.

36회 1, 23, 보31을 보길 바란다. 이 타입을 37회 7, 33으로 전개하면 27을 찾을 수 있게 되는데 이렇듯 같은 타입을 생성하기 위해 앞에서처럼 번호를 아래로 1칸 내릴 때 동시에 옆으로 1칸 옮겨 27로 나오게 하는 식으로 작업해봤다.

참고로 타입 하나를 소개하려고 한다. 앞의 설명을 통해서 37회 30, 33, 35의 타입에 대해선 독자들도 이젠 어느 정도 익숙해져 있을 것이다.

지금부턴 나머지 3개 번호로 이뤄진 타입을 보자. 37회 7, 27, 37이다. 세 번호의 끝수가 같다. '추첨 시 끝수가 같은 번호들이 나타나는 경향이 있다'라는 점이다. 보다시피 여기서도 그렇다는 것이다.

그런데 37회 7, 27, 37과 같은 타입이 있는데 어디에 있을까. 도표를 보면 쉽게 알 수 있을 것이다. 37회로부터 좀 떨어져 있는데 32회 14, 34, 44라는 타입이다. 보면 알 수 있듯이 당연히 끝수가 같을 수밖에 없다. 32회의 이 타입을 위로 1칸 올리면 37회 7, 27, 37로 나타나게 됨을 확인할 수 있을 것이다. 이런 식으로 번호 흐름이 나타난다는 점이다.

38회 (16)

33회	35회	37회	**38회**

타입 선택과 결합

(35회 2, 3, 11) = (38회 16, 17, 22)

(37회 27, 35, 보42) = (38회 30, 37, 43)

추가 설명

(35회 3, 11, 보39) = (38회 16, 22, 30)

(35회 2, 3, 37) = (38회 16, 17, 30)

(37회 7, 27, 33) = (38회 17, 37, 43)

중복 타입

22, 30, 37, 43

저자의 눈

최근에 나타난 번호와 타입을 잘 생각해보라고 강조해 왔다. 35회와 37회를 차분히 들여다보자. 조급하게 생각하지 말자. 시험 볼 때처럼 제한 시간이 있는 것도 아니다.

35회와 37회에서 37이 당첨 번호로 나왔다. 선택할지 말지 너무 고민하지 말자. 즉 운에 맡기고 때론 단순하고 쉽게 작업하자는 것이다. 여기선 **37**을 선택하는 것으로 하겠다. (1개)

35회에서 37과 43이 37회에서는 30과 37이 나타났는데, 37회에서 30, 37을 그대로 선택하고 보42를 우로 1칸 옮겨 43으로 만들어서 결국 38회 **30, 37, 43**이라는 타입으로 만들면 된다는 것이다. (3개)

그럼 왜 이 타입으로 만들었을까. 그것은 37회 27, 35, 보42의 타입을 보면 알 수 있을 것이다. 참고로 33회 4, 33, 40도 같은 타입이다.

37회의 타입과 관련해 독자들에게 말할 내용이 있다. 저자가 특정 사항에 대해 일일이 자세하게 기술할 수 없다는 점이다. 따라서 앞의 38회 30, 37, 43이라는 타입에 대해 독자들이 다음과 같이 생각하면 좋겠다.

'37회에서 27, 35, 보42라는 타입이 있네. 이 소스 회차에서 보42를 오른쪽으로 1칸만 옮기면 43으로 되는데, 결국 37회 30, 37과 가공한 43을 묶어서 같은 타입으로도 될 수 있네. 이 세 번호가 38회에서 나오는 것으로 생각해볼까'라는 식으로 말이다.

네 번째 번호다. 좀 쉽고 편하게(!) 생각해보자. 이젠 독자들도 잘 알고 있는 중복 타입을 이용해 구하려고 한다. 38회 30, 37, 43에 22를 묶으면 중복 타입으로 만들 수 있다. 이렇게 해서 **22**를 찾아냈다. (4개)

여기서 독자들이 확인할 사항이 있다. 앞에서 중복 타입으로 나오게 하는 번호인 22를 선택하는 것으로 했는데 과연 이 번호를 제대로 고른 것일까.

38회에서 22라. 도표의 33회, 35회, 37회를 보면 이해할 수 있을 텐데 각 회차에서 중복 타입으로 나오게 할 수 있는 번호가 22다. 이런 과정을 통해 22를 선택했다는 점이다.

마지막으로 두 번호를 더 구해보자. 33회 32, 33, 41과 35회 2, 3, 11은 같은 타입이다. 이 타입이 38회에서 다시 나타나리라고 예상하자. 어느 번호 쪽으로 묶어야 할까?

앞에서 네 번째로 구한 번호는 22인데 이 번호에 16, 17을 결합하면 앞에서 언급한 33회, 35회의 타입과 같아진다는 것이다. 이렇게 해서 **16, 17**을 찾아낼 수 있었다. (6개)

또 38회 16, 17과 관련해 이른바 이중 확인을 해보면 33회 4, 32, 33과 35회 2, 3, 37과 38회 16, 17, 30은 같은 타입이라는 점이다.
참고로 35회에서는 44를 거치는 타입으로 만들면 된다.

한편 38회에서 일반 타입 2개로 이뤄진 것에 대해 좀 더 살펴보면 35회 2, 37, 43과 38회 16, 22, 30은 같은 타입이고 37회 7, 27, 33과 38회 17, 37, 43도 같은 타입이다.

| | 37회 | 38회 | 40회 | 41회 |

타입 선택과 결합

(38회 17, 22, 37) = (41회 23, 38, 43)

(40회 보6, 19, 26) = (41회 13, 20, 35)

추가 설명

(37회 30, 33, 37) = (41회 13, 20, 23)

(37회 27, 30, 35) = (41회 35, 38, 43)

(37회 27, 30, 보42) = (41회 20, 23, 35)

(37회 7, 27, 보42) = (41회 13, 20, 35)

(38회 17, 30, 37) = (41회 13, 20, 35)

(38회 17, 30, 보36) = (41회 20, 35, 43)

(38회 17, 37, 43) = (41회 13, 35, 43)

(40회 7, 19, 26) = (41회 13, 20, 43)

(40회 7, 13, 26) = (41회 20, 35, 43)

(40회 7, 18, 25) = (41회 13, 20, 38)

중복 타입

20, 23, 35, 38

저자의 눈

최근에 나타난 타입이 다시 출현하는 경향이 있다고 언급해 왔다. 이점을 참고하면서 소스 회차들의 타입을 보자. 37회 7, 27, 보42와 38회 17, 30, 37과 40회 보6, 13, 26은 모두 같은 타입들이다. 이 타입이 41회에 또 나오리라고 생각하면서 목표 회차의 당첨 번호를 찾아보자.

40회 13과 19가 보인다. 앞에서 언급한 타입으로 만들기 위해 먼저 **13**을 차분히 그대로 선택한다. (1개)

이어서 19를 우로 1칸 옮겨 **20**으로 만든다. (2개)

또 37회에서 당첨 번호로 나타났고 38회 보36의 옆 번호이면서 40회에서 중복 타입으로 되게 할 수 있는 번호가 **35**다. 이 번호를 선택하자. (3개)

이렇게 3개 번호를 만들어보면 41회 13, 20, 35라는 타입으로 되는데 앞에서 언급했던 일반 타입들과 같아지게 된다는 점이다.

네 번째 번호다. 이제 41회 13, 20의 모양을 보자. 1·0이다. 즉 1행·0열 간격이다. 이 모양과 같은 게 37회 30, 37이다. 따라서 이 모양을 포함하고 있는 37회 30, 33, 37의 타입을 이미 구해 둔 41회 13, 20으로 전개하면 41회 13, 20, **23**의 타입으로 만들 수 있다. (4개)

다섯 번째 번호다. 41회 23, 35의 모양을 보자. 2·2다. 즉 2행·2열 간격이다. 이 모양과 같은 게 37회 30, 보42다. 차분히 들여다보길 바란다. 이제 이 모양을 포함하고 있는 37회 27, 30, 보42의 타입을 앞에서 준비해 둔 41회 23, 35로 전개하면 41회 23, 35, **38**의 타입으로 나오게 할 수 있다. (5개)

마지막 번호다. 41회 23, 38의 모양을 보자. 2행·1열 간격이다. 이 모양과 같은 게 38회 22, 37이다. 따라서 이 모양을 포함하고 있는 38회 17, 22, 37의 타입을 이미 구해 둔 41회 23, 38로 전개하면 41회 23, 38, **43**의 타입으로 되게 할 수 있다. (6개)

앞에서 43을 구했는데 다음과 같이 생각할 수도 있다. 41회 35, 38을 보면 0행·3열 간격이다. 이 모양과 같은 게 37회 27, 30이다. 따라서 이 모양을 포함하고 있는 37회 27, 30, 35의 타입을 앞에서 찾아둔 41회 35, 38로 전개하면 41회 35, 38, 43의 타입으로 만들 수도 있다는 점이다.

번호 이동에 대해 알아보자.
37회 27, 30, 보42를 위로 1칸 올려보면 41회 20, 23, 35로 된다.

37회 27, 30, 35를 하1우1 칸으로 보내면 41회 35, 38, 43으로 나온다.

38회 16, 보36, 43을 하3좌2 칸으로 보내면 41회 13, 20, 35로 만들 수 있는데, 주의할 점은 38회 43을 1로 대체한 후에 이동시켜야 한다는 것이다.

40회 보6, 18, 25를 상1우2 칸으로 옮기면 41회 13, 20, 43으로 되게 할 수 있다.

40회	41회	43회	44회

타입 선택과 결합

(40회 7, 13, 18) = (44회 21, 30, 38)

(43회 31, 38, 44) = (44회 3, 11, 45)

추가 설명

(40회 13, 19, 26) = (44회 30, 38, 45)

(40회 보6, 19, 26) = (44회 3, 30, 45)

(40회 7, 18, 25) = (44회 21, 38, 45)

(41회 보34, 38, 43) = (44회 11, 21, 30)

(41회 13, 20, 35) = (44회 11, 38, 45)

(41회 20, 35, 43) = (44회 3, 11, 30)

(43회 6, 31, 39) = (44회 21, 30, 38)

(43회 35, 39, 44) = (44회 11, 21, 30)

(43회 6, 31, 35) = (44회 11, 21, 45)

중복 타입

3, 11, 30, 38

저자의 눈

바둑판에는 화점이 9개 있는데 특히 네 모퉁이에 있는 화점이 중요한 곳이다. 대국 초반에 이 화점들을 중심으로 포석이 이뤄진다고 보면 되겠다. 건물을 세울 때 기초공사를 잘해야 하듯 바둑 시합에서도 이곳 화점 주위에 돌을 잘 두어야만 하는 것이다.

저자가 이렇게 언급하는 이유는 '번호를 2, 3개 정도 선택해보라'라고 언급해 왔는데 만일 1개라도 잘못 골라낸다면 번호 6개로 이뤄진 복권 조합이 엉망(!)으로 나와 속된 말로 말짱 도루묵이 되기 때문이다. 즉 비록 1, 2개 번호를 선택하는 것이라도 잘 선택해야만 한다는 것을 강조하고자 한다. 본격적으로 번호를 탐색하러 떠나보자.

41회와 43회에서 **38**이 당첨 번호로 나왔다. 이 번호를 선택하자. (1개)

다음에 40회 13, 19, 26과 43회 31, 38, 44는 같은 타입인데 이 타입이 44회에서 또 나오는 것으로 예상해보자는 것이다. 이제는 독자들도 잘 알고 있는 '최근에 나왔던 타입이 다시 나타나는 경향'을 이용하려는 것이다.

43회에서 31을 좌로 1칸 옮겨 **30**으로, 44를 우로 1칸 보내 **45**로 각각 나오게 해서 30, 38, 45라는 타입으로 만들면 된다는 것이다. (3개)

즉 43회 안에서 미세조정을 통해 43회의 원래 타입으로 또 나오게 했다는 것이다. 이런 내용에 대해 다른 목표 회차에서도 언급한 바 있다.

한편, 타입과 관련해 참고로 말해둘 게 있다. 먼저 44회 30, 38의 모양을 차분히 보자.

이런 후에 40회와 43회에서 이 모양을 포함하고 있는 타입을 생각해내어 보자. 특히 40회에서는 앞의 모양과 관련해 여러 타입을 만들 수 있음을 알 수 있을 것이다. 이렇게 예상해볼 수 있는 타입들이 많아지면 해당 타입들을 목표 회차로 전개하는 과정에서 그만큼 더 많이 복잡하게 생각할 수밖에 없다는 것이다. 이 점 참고하길 바란다.

네 번째 번호다. 44회 30, 38의 모양을 보자. 1행·1열 간격이다. 이 모양과 같은 게 40회, 43회에 있는데 40회 7, 13의 모양을 이용하고자 한다. 따라서 이 모양을 포함하고 있는 40회 7, 13, 18의 타입을 앞에서 이미 찾아둔 44회 30, 38로 전개하면 44회 **21**, 30, 38의 타입으로 나오게 할 수 있다. (4개)

그럼 왜 이 타입으로 작업했을까. 그것은 40회 7, 13, 18과 43회 6, 31, 39는 같은 타입인데 이 타입이 44회에서 다시 나타나리라고 예상했기 때문이라는 점이다.

다섯 번째 번호다. 44회 21, 30의 모양을 보자. 1·2다. 즉 1행·2열 간격이다. 이 모양과 같은 게 40회, 41회, 43회에 나와 있는데 여기선 43회 39, 44를 이용하려고 한다. 따라서 이 모양을 포함하고 있는 43회 35, 39, 44의 타입을 앞에서 구해 둔 44회 21, 30으로 전개하면 44회 **11**, 21, 30이라는 타입으로 만들 수 있다. (5개)

참고로 41회 보34, 38, 43이 우로 1칸 이동해 43회 35, 39, 44로 되었다.

앞에서 세 번호로 이뤄진 44회 30, 38, 45라는 타입에 대해 이미 설명했었다. 그런데 44회 11, 21, 30의 타입을 보면 알 수 있듯이, 30이라는 어느 특정 번호가 어느 특정 타입에만 속해 있어야만 하는 것은 아니라는 점이다.

마지막 번호다. 먼저 구해 둔 44회 21, 30, 38을 하나의 타입으로 만들어두는 것으로 하겠다. 이제 나머지 1개 타입을 찾아보면 되겠다. 구해 둔 44회 11, 45 두 번호에 3을 결합해보면 43회 31, 38, 44와 같은 타입으로 만들 수 있다는 것이다. 이렇게 해서 **3**을 구했다. (6개)

한편 44회에서 5개 번호로 이뤄진 확장성 중복 타입이 출현한 것을 볼 수 있다. 그 번호들은 44회 3, 11, 30, 38, 45다.

49회 (19)

46회　　　　47회　　　　48회　　　　**49회**

타입 선택과 결합

(46회 13, 31, 38) = (49회 16, 33, 40)

(48회 보3, 6, 18) = (49회 4, 7, 19)

추가 설명

(46회 15, 31, 보39) = (49회 4, 16, 40)

(46회 13, 31, 38) = (49회 16, 33, 40)

(47회 14, 17, 31) = (49회 16, 19, 33)

(47회 14, 17, 26) = (49회 4, 7, 16)

(48회 보3, 10, 38) = (49회 19, 33, 40) 48회 45를 이용

(48회 10, 26, 38) = (49회 7, 19, 33)

(48회 보3, 6, 38) = (49회 16, 19, 33) 48회 45를 이용

중복 타입

4, 7, 16, 19

저자의 눈

최근에 나타난 당첨 번호들이 이후의 추첨에서 일정하게 이동해 나오는 경우들이 있는데 여기서도 그렇다. 한마디로 타입이 이동한 것으로 보면 되겠다. 전 회차(48회) 보3, 6, 18을 오른쪽으로 1칸 옮겨보면 49회 **4, 7, 19**라는 당첨 번호로 나오는 것을 알 수 있을 것이다. (3개)

그럼 48회에서 어떻게 보3, 6, 18의 타입을 콕 집어낼 수 있었을까. 그냥 '감'으로 타입을 선택한 것은 아니다. 우리가 책 앞쪽에서 공부했었던 '개별번호 선택 과정'처럼 여기에서도 그런 식으로 생각해보자.

46회 31, 38, 보39와 결합하거나 47회 14, 17, 보27과 묶이거나 48회 보3, 10, 38과 함께하면 각각 4개 번호로 이뤄지는 중복 타입으로 되게 할 수 있는데 여기에 공통으로 들어갈 수 있는 번호가 4라는 것이다.

47회 14의 위 칸이면서 48회 6의 옆 칸이 7이다.

48회 18과 26 사이의 직교 칸이 19다.

이렇게 해서 49회 4, 7, 19라는 타입을 만들었는데, 이것과 같은 타입이 48회 보3, 6, 18임을 알 수 있을 것이다. 결국, 48회의 이 타입을 우로 1칸 옮겨 49회 타입으로 나오게 했다고 보면 되겠다.

네 번째 번호다. 47회 31, 36, 45와 또는 48회 10, 26, 38과 결합해 각각 중복 타입으로 나오게 하는 번호가 40이라는 것을 도표로부터 알 수 있을 것이다. 이렇게 해서 **40**을 구

했다. (4개)

다섯 번째 번호다. 49회 19, 40의 모양을 유심히 관찰해보길 바란다. 우리가 일반적으로 말하는 '행과 열'을 놓고 보면, 용지의 19와 40이 3행·0열 간격이다. 두 번호의 모양은 '3행' 차이다. 이제 이런 모양이 있는지 최근의 회차들을 탐색해보자.

목표 회차의 1전 회인, 즉 바로 앞 회차인 48회를 들여다보자. 보3, 10, 38이라는 타입이 보인다. 주의할 점은 여기서는 45를 거치는 타입으로 만들어야 한다. 한마디로 '사고의 융통성'을 발휘해야 한다는 것이다.

이렇게 확인한 후 48회 보3, 10, 38의 타입과 같아지게끔 앞에서 언급했던 49회 19, 40에다가 33을 묶어놓으면 된다는 점이다. 이런 과정으로 **33**을 찾아냈다. (5개)

참고로 '일반 이동의 법칙'을 이용해 49회 19, 33, 40이 나오는 과정을 살펴보자. 48회 보3, 10, 38을 상3우2 칸으로 보내면 정확히 49회 19, 33, 40으로 나오게 되는 것을 알 수 있다. 여기서 주의할 점은 이동 전 타입과 이동 후의 타입이 같아지도록 48회 보3과 10이 45를 거쳐 이동한다는 것이다.

마지막 번호다. 이미 찾아둔 49회 4, 7, 19와 결합해 중복 타입으로 되게 하는 번호가 16이므로 이렇게 간단하게(!) 찾을 수도 있고 또는 다음과 같이 작업할 수도 있다.

49회 19, 33의 모양을 보자. 2·0이다. 즉 2행·0열 간격이다. 이 모양과 같은 게 47회에 있다. 바로 47회 17, 31이다. 따라서 이 모양을 포함하고 있는 47회 14, 17, 31의 타입을 이미 구해 둔 49회 19, 33으로 전개하면 49회 16, 19, 33의 타입으로 만들 수도 있다.

이렇게 해서 49회 **16**을 찾을 수 있게 되었다. (6개)

51회 (20)

| 48회 | 49회 | 50회 | **51회** |

타입 선택과 결합

(48회 보3, 18, 37) = (51회 3, 11, 26)

(50회 보1, 15, 22) = (51회 2, 16, 44)

추가 설명

(48회 10, 18, 26) = (51회 3, 11, 44)

(49회 4, 19, 보30) = (51회 11, 26, 44)

(50회 보1, 2, 10, 15) = (51회 2, 3, 11, 16)

(50회 보1, 2, 44) = (51회 2, 3, 44)

중복 타입

없음

저자의 눈

최근의 당첨 번호 2, 3개 정도를 선택해보라고 했다. 50회를 보자.

2를 그대로 선택한다. (1개)

이어서 15를 차분히 우로 1칸 옮겨 **16**으로 만들어둔다. (2개)

또 **44**를 그대로 선택한다. (3개)

이렇게 해서 미세조정으로 당첨 번호 3개를 구해 두었다.

어떤 독자들은 궁금해할지도 모르겠다. '50회에서 어떻게 번호 2개를 그대로 선택하고, 번호 1개를 1칸 옮기는 식으로 했을까?'하고 말이다. 물론 독자들도 감각적으로 이런 식으로 작업할 수 있겠지만 저자가 그냥 하고 싶은 대로 앞에서와 같이 작업한 것은 아니라는 점이다.

한마디로 어떤 '사고의 과정'을 통해 위와 같이 번호 3개를 준비해 두었다는 점이다.

최근에 나타났던 타입이 다시 나오리라고 예상하자.

48회 보3, 10, 38과 49회 19, 33, 40과 50회 보1, 15, 22는 모두 같은 타입이다. 이 타입이 51회에서 또 출현할 것으로 예상하고 작업해본다면 50회에서 어떻게 작업해야 할까. 그것은 소스 회차 50회에서 당첨 번호로 나온 2, 44를 그대로 선택하고 15를 우로 1칸 옮겨 16으로 만들어 51회 당첨 번호로 나오게 하면 된다는 것이다. 독자들이 설명과 도표를 본다면 쉽게 이해할 수 있을 것이다.

이와 관련해 좀 더 기술하면, 특정 소스 회차에서 미세조정을 통해 해당 소스 회차의 원래 타입으로 만들 수 있다는 것이다. 이미 여러 번 언급했던 내용으로서 50회에서 미세조정을 거쳐 50회의 원래의 타입으로 만들었다는 것이다.

네 번째 번호다. 구해 둔 51회 2와 16의 모양을 보자. 이런 다음에 49회 16과 보30을 보면 서로 같은 모양임을 알 수 있다. 이해했으리라고 본다.

따라서 49회 16, 보30에 어느 1개 번호를 묶어서 하나의 타입으로 만든 후에, 51회 2, 16으로 전개하면 되는데 과연 49회에서 어떤 번호를 결합해야 할까.

그 번호는 49회 당첨 번호 40이라는 것이다. 즉 49회 16, 보30, 40의 타입을 51회 2, 16으로 전개하면 다시 말하면 위로 2칸 올리면 51회 2, 16, 26으로 나오는데, 소스 타입 그대로인 정형 타입으로 나왔다는 것이다. 이렇게 해서 **26**을 구했다. (4개)
참고로 26이 48회 당번이고 49회 19와 33의 사이 칸임을 알 수 있다.

다섯 번째 번호다. 앞에서 49회 16, 보30, 40을 위로 2칸 올리면 51회 2, 16, 26이 나오는데, 인력(서로 끌어당기는 힘)으로 2에 **3**이 딸려 나왔다고 생각하자. (5개)

마지막 번호다. 앞에서 구한 51회 3과 관련해 살펴보자. 48회 10, 18, 26의 방향성 타입을 상2좌1 칸으로 이동시켜 보면 51회 3, 11, 44로 나타나는 것을 알 수 있다. 보다시피 여기서도 3이 나타났다. 차분히 보면 이동 전의 48회 타입과 이동 후의 51회 타입이 당연히 같은 데 51회에서 정형 타입으로 나타났다.

한편 앞에서 3과 44는 이미 알아봐 두었던 번호이므로 같이 나타난 **11**을 자연스럽게 당첨 번호로 생각할 수 있다는 것이다. (6개)

이 11에 대해 다른 시각으로 언급해보면 48회 보3, 18, 37의 타입을 하1우1 칸으로 보내면 51회 3, 11, 26이라는 정형 타입으로 나오게 되는데 3과 26은 이미 찾아둔 번호이므로 11을 자연스럽게 구할 수 있다는 것이다.

| 50회 | 51회 | **52회** |

타입 선택과 결합

(50회 10, 12, 22) = (52회 2, 4, 20)

(51회 2, 3, 16) = (52회 15, 16, 29)

추가 설명

(50회 10, 12, 44) = (52회 2, 4, 15)

(50회 보1, 2, 15) = (52회 15, 16, 29)

(50회 보1, 10, 15) = (52회 15, 20, 29)

(51회 2, 11, 16) = (52회 15, 20, 29)

(51회 2, 16, 26) = (52회 2, 16, 20)

(51회 11, 16, 26) = (52회 16, 20, 29)

(51회 2, 11, 26) = (52회 2, 16, 20)

(51회 11, 26, 44) = (52회 4, 16, 29) 51회 가상 번호 46 이용

중복 타입

2, 15, 16, 29

저자의 눈

먼저 50회와 51회를 차분히 들여다보자.

50회와 51회 당첨 번호로 2가 나왔는데 이것을 그대로 선택하자. (1개)

이번엔 타입을 알아보자. 50회 보1, 2, 15와 51회 2, 3, 16은 같은 정형 타입으로 옆으로 1칸 차이다. 이 타입을 차분히 잘 보길 바란다.

이제 이 타입과 같게끔, 50회 소스 회차에서는 2, 15에 16을 결합하면 되고 51회에서는 2, 16에 15를 묶으면 된다는 것이다. 이렇게 미세조정 작업으로 52회에서 **2, 15, 16**이라는 세 번호를 구했다. (3개)

네 번째 번호다. 이제 51회로 넘어가서 타입을 만들어보려고 하는데, 잠깐 52회 2, 16의 모양을 보자. 이어서 51회 2, 16의 모양을 보자. 같다. 당연하다. 번호가 같으므로.

따라서 이 모양을 포함하고 있는 51회 2, 16, 26의 타입을 52회 2, 16으로 전개하면 52회 2, 16, **20**의 타입으로 만들 수 있다. (4개)

앞에서 구한 52회 20과 관련해, 다른 타입으로 구해보자. 51회 11, 26, 보35의 타입을 앞에서 이미 구했던 52회 2, 15로 전개하면, 52회 2, 15, 20으로 나오게 됨으로써 역시 20을 찾아낼 수 있다는 점이다. 이런 식으로 여러 각도로 생각해보면 좋을 것이다.

다섯 번째 번호다. 50회 10, 12, 22의 타입이 보일 것이다. 이 타입을 구해 둔 52회 2, 20으로 전개하면 52회 2, 4, 20으로 만들 수 있으므로, 이렇게 해서 **4**를 구할 수 있다는 것

이다. (5개)

　　참고로 50회 2, 10, 12와 결합해 중복 타입으로 나오게 하는 번호이면서 동시에 51회 3과 11 사이의 직교 칸인 번호가 4다.

　　한편 4를 구하는 데 있어서 좀 더 살펴보면, 먼저 52회 2와 20의 모양을 본 후에 50회 12와 22의 위치 관계를 보면 같다는 것을 알 수 있다. 이점을 이용해 50회 10, 12, 22의 타입을 52회 2, 20으로 전개해 52회 2, 4, 20의 타입으로 나오게 할 수 있다는 점이다.

　　마지막 번호다.
　　52회 4, 16의 모양을 보자. 2·2다. 즉, 2행·2열 간격이다. 이 모양이 전 회인 51회에 있을까? 있다. 바로 51회 11, 44다. 따라서 이 모양을 포함하고 있는 51회 11, 26, 44의 타입을 이미 구해 두었던 52회 4, 16으로 전개하면 52회 4, 16, 29를 만들 수 있다.

　　또 52회 15, 20의 모양을 보자. 1·2다. 즉, 1행·2열 간격이다. 이 모양이 전 회인 51회에 있을까? 있다. 바로 51회 2, 11이다. 따라서 이 모양을 포함하고 있는 51회 2, 11, 16의 타입을 이미 구해 두었던 52회 15, 20으로 전개하면 52회 15, 20, 29를 만들 수 있다.

　　이렇게 해서 두 작업에서 각각 **29**를 구할 수 있게 되었다. (6개)

| 51회 | 52회 | 53회 | 54회 |

타입 선택과 결합

(51회 3, 11, 16) = (54회 21, 27, 36)

(53회 7, 32, 39) = (54회 1, 8, 39)

추가 설명

(51회 3, 11, 16) = (54회 21, 27, 36)

(51회 3, 11, 26) = (54회 8, 21, 27)

(51회 2, 16, 44) = (54회 1, 8, 36) 54회에서 36 아래 칸이 43임

(52회 4, 16, 20) = (54회 1, 27, 39)

(52회 보1, 4, 20) = (54회 27, 36, 39)

(52회 보1, 4, 15) = (54회 8, 36, 39)

(53회 32, 39, 보42) = (54회 1, 36, 39)

(53회 7, 14, 보42) = (54회 1, 8, 36)

중복 타입

없음

저자의 눈

최근에 나왔던 번호 2, 3개 정도를 선택해보라고 했다. 그런데 단순하게(!) 마음에 드는 번호를 고르면 되는 것이 아니라, 역시 최근에 나타났던 타입을 고려하면서 이 타입에 맞게 번호를 만들어보면 괜찮을 것 같다.

먼저 목표 회차 바로 앞인 53회로 가보자. 53회 **8**과 **39**가 54회에서 또 나오리라고 예상하면서 이 두 번호를 선택하는 것으로 하겠다. (2개)
'개별번호 선택 과정'의 내용을 참고해 8과 39를 구하는 방법을 알아보길 바란다.

세 번째 번호다. 53회 7, 32, 39라는 타입을 생각해 두자. 여기서 이미 구해 둔 번호 8, 39에 번호 하나를 더 추가해 앞에서 생각해 둔 타입과 같아지도록 하려고 한다. 어느 번호를 선택해야 할까. 그것은 53회 보42를 차분하게 우로 1칸 옮겨 **1**로 나오게 하면 된다는 것이다. (3개)

이렇게 하면 53회 7, 32, 39와 54회 1, 8, 39는 같은 타입으로 된다는 것을 알 수 있는데 이런 식으로 일종의 '유도 작업'을 하면 되겠다.

네 번째 번호다. 역시 53회에서다. 53회 7, 14, 보42가 자연스럽게 눈에 들어온다. 세 번호가 위아래로 놓여있다. 우리가 계속 다뤄왔던 두 번호 사이의 '모양'을 보자. 즉 7과 14 또는 7, 보42의 위치 관계를 보면 1행·0열 간격이다.

이렇게 생각한 뒤에 54회로 눈을 돌려보면 이 모양과 같은 게 있다. 바로 1, 8이다. 따라서 53회 7, 14, 보42의 타입을 앞에서 이미 구해 두었던 54회 1, 8로 전개하면 54회 1, 8, **36**의 타입으로 만들 수 있다는 것이다. (4개)
또 36을 구할 수 있는 다른 방법이 있다. 53회 32, 39, 보42와 54회 1, 36, 39는 같은 타입임을 알 수 있는데 이런 과정을 통해서도 36을 만들 수 있다.

　여기까지 찾아낸 4개 번호는 1, 8, 36, 39다.

　다섯 번째 번호다. 이번엔 54회 36, 39 사이의 모양을 본 후에 52회 보1, 4의 모양을 보면 서로 같다는 것을 알 수 있을 것이다. 따라서 이 모양을 포함하고 있는 52회 보1, 4, 20을 54회 36, 39로 전개하면 54회 27, 36, 39로 나오게 할 수 있으므로 이런 과정을 통해 **27**을 찾아낼 수 있게 되었다. (5개)

　27과 관련해 다른 식으로도 알아보겠다. 53회 7, 14, 33의 타입을 상1우1 칸으로 이동시켜 보면 54회 1, 8, 27로 나타나는데 1과 8은 이미 구해 두었던 번호이므로 같이 나온 27을 자연스럽게 당첨 번호로 판단할 수 있다는 것이다.

　여기서 독자들에게 다시 강조하고자 하는 마음으로 기술한다면, 53회 14가 앞에서처럼 이동해 54회 8로 나왔는데 8은 53회의 당첨 번호라는 것이다. 이런 면에서 '나왔던 번호가 또 나오는 경우'라고 말할 수 있겠다.

　마지막 번호다. 이 번호를 구하는 게 조금 어렵게 느껴질지도 모르겠다. 먼저 54회 8과 27의 위치 관계인 모양을 보자. 3·2이다. 즉 3행·2열 간격이다. 이 모양과 같은 게 51회 3, 26이다. 따라서 51회 3, 11, 26의 타입을 이미 찾아둔 54회 8, 27로 전개하면 54회 8, 21, 27로 나오게 할 수 있다는 것이다. 이렇게 해서 **21**을 뽑아낼 수 있었다. (6개)

　54회 21과 관련해 51회 3, 11, 16과 54회 21, 27, 36도 같은 타입이다.

54회	55회	57회	**58회**

타입 선택과 결합

(55회 17, 31, 44) = (58회 10, 24, 44)

(54회 1, 8, 보37) = (58회 25, 33, 40)

추가 설명

(54회 8, 36, 보37) = (58회 10, 24, 25)

(54회 21, 36, 보37) = (58회 24, 25, 40)

(55회 17, 31, 40) = (58회 10, 24, 33)

(56회 14, 30, 37) = (58회 10, 33, 40)

(57회 10, 16, 29) = (58회 10, 25, 33)

(57회 10, 29, 44) = (58회 10, 25, 40)

(57회 25, 29, 44) = (58회 25, 40, 44)

중복 타입

10, 25, 40, 44

저자의 눈

10은 56회, 57회에서 나왔다. 이 번호를 선택하자. (1개)
44는 55회, 57회에서 나타났다. 역시 이 번호도 뽑아내자. (2개)

55회 17, 31, 44의 타입을 차분히 들여다보길 바란다. 이 타입과 같은 게 57회 16, 29, 44라는 것이다. 55회, 57회 두 타입이 같은지 비교하기 위해 55회 타입을 위로 1칸 올려보면 된다. 이렇게 한 후에 두 타입을 비교해보면 같다는 것을 알 수 있다. 단 여기선 타입을 만들 때 7행의 번호를 이용하지 않는다.

세 번째 번호다. 최근에 나온 타입이 다시 나타나는 경향이 있다고 했다. 따라서 55회, 57회에서 나왔던 이 타입이 58회에서도 또 나오리라고 예상하면서, 이 타입을 구해 두었던 58회 10, 44로 전개하면 **24**를 찾아낼 수 있다는 것이다. (3개)

차분히 들여다보면 55회 17, 31, 44와 57회 16, 29, 44와 58회 10, 24, 44는 같은 타입임을 확인할 수 있을 것이다. 쉽게 느껴지지 않을 수도 있을 것이다. 특이사항이 있다면 55회, 57회, 58회에서 44가 당첨 번호로 나왔는데, 이번에도 이 44를 바탕으로 앞에서처럼 각 회차에서 같은 타입이 출현했다는 점이다.

네 번째 번호다. 목표 회차인 58회 10, 24의 모양을 보자. 2행·0열 간격이다. 이 모양과 같은 것들 가운데 55회 17, 31을 이용하고자 한다. 따라서 이 모양을 포함하고 있는 55회 17, 31, 40의 타입을 앞에서 준비해 둔 58회 10, 24로 전개하면 58회 10, 24, **33**의 타입으로로 나오게 할 수 있다. (4개)

참고로 앞에서의 타입에 좀 더 살펴보자. 54회 8, 27, 36과 55회 17, 31, 40 그리고 57회 16, 25, 44는 같은 타입이다. 특히 57회에서 44를 2로 대체한 후에 타입을 만들어보면 되겠다. 이렇게 하면 모두 같은 타입으로 될 수가 있다.

특히 55회 17, 31, 40의 타입을 위로 1칸 올리면 58회 10, 24, 33의 타입으로 나오게 됨을 확인할 수 있다. 즉 세 번호가 번호 이동을 했다고 볼 수 있는데 타입 그대로 옮겨진 정형 타입으로서, 이 타입이 58회에 또 출현했다는 점이다.

다섯 번째 번호다. 58회 10, 33의 모양을 보자. 3·2다. 즉 3행·2열 간격이다. 이 모양이 57회에 있다. 바로 57회 10, 29다. 따라서 이 모양을 포함하고 있는 57회 10, 16, 29의 타입을 미리 구해 둔 58회 10, 33으로 전개하면 58회 10, **25**, 33의 타입으로 나오게 할 수 있다. (5개)

여기서 25와 관련해 설명해보면, 앞에서 55회의 세 번호로 된 타입을 위로 1칸 올릴 때 인력으로 58회 24에 25가 붙어 나올 수 있는데, 이렇듯 여러 방법을 통해 번호를 찾을 수 있다는 점이다.

마지막 번호다. 57회와 58회를 찬찬히 들여다보자. 57회 25, 44의 모양과 58회 25, 44의 모양을 보자. 같다. 당연하다. 같은 번호들이다. 바로 들어가자. 57회 25, 29, 44의 타입을 58회 25, 44로 전개하면 58회 **40**을 찾을 수가 있다. (6개)

58회에서 이렇게 타입을 완성해 놓고 보니, 55회 31, 37, 44와 58회 25, 33, 40은 같은 타입이고 57회 보6, 7, 29와 58회 24, 25, 44도 같은 타입임을 확인해 볼 수 있다는 것이다.

특이 사항으론 57회 10, 25, 44의 세 번호가 58회에서도 그대로 또 나타났다.

61회 (24)

56회	57회	58회	61회

타입 선택과 결합

(57회 보6, 7, 16) = (61회 14, 15, 19)

(58회 보1, 10, 44) = (61회 30, 38, 43)

추가 설명

(56회 14, 보19, 30)=(61회 14, 19, 30)

(57회 16, 25, 44) = (61회 15, 38, 43)

(57회 16, 29, 44) = (61회 15, 30, 43)

(57회 보6, 16, 25)=(61회 14, 19, 38)

(58회 10, 25, 33) = (61회 15, 30, 38)

(58회 24, 25, 40) = (61회 14, 15, 30)

중복 타입

14, 19, 38, 43

저자의 눈

목표 회차의 번호를 만드는 데 있어서 고려해야 할 주요 사항은 어떤 타입을 만들 것인 가와 기초가 되는 번호 2, 3개를 잘 선택할 수 있는가이다. 이점을 다시 한번 독자들에게 강조하고자 한다.

먼저 모양을 보자. 56회 31, 37과 57회 10, 16과 58회 25, 33은 모두 같은 모양이다. 그 런데 자세히 보면 이 모양을 포함하고 있는 타입이 57회, 58회에서 나왔는데 같은 타입이 라는 것이다. 즉, 57회 10, 16, 29와 58회 10, 25, 33이라는 타입이다. 여기선 58회 10, 25, 33이라는 타입을 준비해 두는 것으로 하겠다.

56회를 소스 회차로 생각하고 들여다보자.
56회에서 **30**을 그대로 선택한다. (1개)
(30은 57회, 58회에서 중복 타입을 만든다)

이어서 앞에서 언급한 모양과 같아지도록 56회 37을 우로 1칸 차분히 옮겨 **38**로 만들면 된다. (2개)

세 번째 번호다. 왜 이렇게 작업해 두 번호를 만들었는지 어떤 독자들은 감 잡았을 것이 다. 앞에서 58회 10, 25, 33의 타입을 미리 준비해 두었었는데 이 타입을 하1좌2 칸으로 이 동시켜 보면 61회 15, 30, 38로 나온다는 점이다. 이때, 이동으로 나온 30, 38을 보면 앞에 서 미리 구해 둔 2개의 번호와 같음을 알 수 있고, 같이 나타난 **15**를 자연스럽게 당첨 번 호로 확정할 수 있을 것이다. (3개)

네 번째 번호다. 프로바둑 기사들이 묘수를 두듯이 여기서도 그렇게 작업해보자. 56회

10, 14, 33의 타입을 생각하자. 그런데 왜 이 타입일까.

그냥 마음이 가는 대로 선택한 것이 아니다. 이 타입을 하1좌2 칸으로 보내면 61회 15, 19, 38로 나온다. 보면 15, 38은 이미 구해 둔 번호이므로, 같이 나타난 19를 자연스럽게 구할 수 있게 되었고 또 19는 56회 보너스 번호다. 이런 식으로 번호를 찾아가면 되는 것이다. 이렇게 해서 **19**를 구할 수 있게 되었다. (4개)

다섯 번째 번호다. 찾아둔 **61회 15, 30**과 또 **61회 30, 38**의 모양이 보인다. 저자가 언급해왔다. 어떤 특정 번호가 특정 타입에 전속으로 묶여 있는 것이 아니라는 점이다. 앞에서 두 가지 모양을 언급했는데, 어떤 번호가 두 가지의 타입으로 되게 할 수 있는 점을 이용해 결국 그 어떤 번호를 구하고자 하는 것이다. (미리 말하면 그 어떤 번호는 43이다)

따라서 이 방법을 이용해보겠다. 먼저 57회 16, 29와 61회 15, 30은 같은 모양이므로 57회 16, 29, 44의 타입을 61회 15, 30, 43으로 전개할 수 있다.

다음엔 57회 10, 16과 61회 30, 38은 같은 모양이므로 57회 10, 16, 25의 타입을 61회 30, 38, 43으로 전개할 수 있다는 것이다.

이렇게 57회의 두 타입을 61회로 전개하는 과정에서 **43**을 구할 수 있게 되었다. (5개)

기억을 되살리는 의미에서 앞에서 준비한 58회 10, 25, 33의 타입을 전개(이동)해 61회 15, 30, 38로 나오게 했다. 지금까지 구했던 번호들 5개에서 이동으로 나온 번호 3개를 제외하면, 남아있는 두 번호는 19와 43이다. 이제 이 두 번호와 구해야 할 번호를 묶어서 하나의 타입으로 만들어보려고 한다. 어느 번호를 뽑아내야 할까.

마지막 번호다. 소스 회차로 56회를 정했는데 56회 14, 보19를 주시하길 바란다. 여기서 19는 이미 찾아둔 61회 번호다. 그러면 56회 14는 어떤 번호일까. 61회 번호로 될 가능성이 있을까. 있다. 바로 58회 보1, 10, 25의 타입과 61회 **14**, 19, 43은 같은 타입으로 된다는 것이다. (6개)

| 64회 | 65회 | 66회 | 67회 |

타입 선택과 결합

(65회 36, 40, 43) = (67회 3, 7, 10)

(66회 3, 22, 24) = (67회 15, 36, 38)

추가 설명

(64회 14, 18, 21, 26) = (67회 3, 7, 10, 15)

(64회 18, 26, 보39) = (67회 7, 15, 36)

(65회 4, 25, 33) = (67회 7, 15, 36)

(66회 17, 22, 24) = (67회 3, 36, 38)

(66회 3, 17, 22) = (67회 10, 15, 38)

중복 타입

3, 10, 15, 36

10, 15, 36, 38 (45를 거쳐서)

저자의 눈

목표 회차의 1전회인 66회의 **3, 7**을 선택하는 것으로 하자. (2개)

이제 두 번호의 위치 관계를 알아보자. 1·3이다. 즉 1행·3열 간격이다.

이 모양과 같은 게 65회에 있다. 바로 65회 36, 40이다. 따라서 이 모양을 포함하고 있는 65회 36, 40, 43의 타입을 이미 찾아둔 67회 3, 7로 전개하면 **10**을 구할 수 있다. (3개)

네 번째 번호다. 67회 3, 10의 모양을 보자. 이 모양과 같은 게 64회, 65회 66회에 나와 있다. 이 모양을 포함하고 있는 타입들을 이용해 67회로 전개하는 것이 좀 어려울 것 같다는 생각이 든다.

앞의 모양을 포함하고 있는 그 어떤 타입을 찾아야 하는데 여기서 타입을 좀 더 잘 알아낼 수 있는 길이 있다. 66회로 시선을 돌려보면 독자들의 눈에 바로 들어오는 것이 있을 것이다.

무슨 말이냐 하면 '개별번호 선택 과정'에서 공부했던 것처럼, 중복 타입으로 나오게 하는 번호를 당첨 번호로 생각하자는 것이다.

즉 66회 17, 22, 24의 세 번호와 결합해 중복 타입으로 되게 하는 번호들 가운데, 15를 선택할 수 있을 것이다. 이렇게 해서, 결국 67회 3, 10, 15의 타입을 만들 수 있다. 이렇게 해서 **15**를 구했다. (4개)

앞에서 찾아낸 67회 3, 10, 15의 타입과 같은 게 바로 64회 14, 21, 26의 타입인데 결국 64회의 이 타입을 67회 3, 10으로 전개해 67회 3, 10, 15의 타입으로 바로 만들 수도 있을 것이다.

다섯 번째 번호다. 67회 10, 15의 모양을 보자. 1·2이다. 즉 1행·2열 간격이다. 이 모양이 있는 곳이 64회, 66회인데 66회의 모양을 이용하고자 한다. 66회 17, 22의 모양을 포함하고 있는 66회 17, 22, 보45의 타입을 이미 구해 놓은 67회 10, 15로 전개하면 67회 10, 15, **36**으로 나오게 할 수 있다. (5개)

36을 구했는데, 이 번호가 67회에서 중복 타입을 만든다는 것이다. 즉 67회 3, 10, 15와 결합해 중복 타입이 되게 한다. 따라서 앞에서처럼 모양과 타입을 이용해 36을 구할 수도 있지만, 직관적으로 중복 타입이 되게 하는 번호를 예상 당첨 번호로 생각할 수 있다는 것이다.

마지막 번호다. 미리 말하지만 생각할 게 좀 있다. 67회 15와 36을 보자. 3·0이다. 즉 3행·0열 간격이다. 이 모양과 같은 게 64회, 65회, 66회에 나와 있다. 그런데 이 모양을 포함하고 있는 타입을 만들어보면 여러 개가 나올 수 있다는 점이다. 한마디로 복잡해진다는 것이다. 과연 어떤 타입으로 만들어야 하나.

항상 이런 식은 아니지만, '목표 회차와 가까운 타입일수록 목표 회차에 더 강하게 영향을 준다'라고 생각하자는 것이다.

따라서 67회 15, 36과 같은 모양이 66회 3, 24인데, 이 모양을 포함하고 있는 66회 3, 22, 24의 타입을 이미 구해 둔 67회 15, 36으로 전개하면 67회 15, 36, **38**의 타입으로 만들 수 있다는 것이다. (6개)

69회	72회	73회	74회	

타입 선택과 결합

(72회 보1, 2, 4) = (74회 15, 17, 18)

(73회 3, 12, 18) = (74회 6, 35, 40)

추가 설명

(69회 14, 19, 39) = (74회 18, 35, 40)

(72회 보1, 2, 27) = (74회 6, 17, 18)

(72회 4, 26, 27) = (74회 17, 18, 40)

(73회 3, 12, 43) = (74회 6, 15, 17)

여기서, 타입이 맞지 않는다고 생각이 든다면

73회 43을 1로 대체해야 한다.

(73회 3, 32, 40) = (74회 6, 18, 40)

여기서 73회 타입이 가번(가상 번호) 47을 거쳐 간다.

주의할 점은 74회에서는 가상 번호를 이용하지 않는다.

중복 타입

15, 18, 35, 40

저자의 눈

최근에 나타났던 타입이 다시 나오는 경향이 있다고 말해왔다. 72회 보1, 4, 26과 73회 18, 40, 43은 같은 타입이다. 이 타입이 74회 목표 회차에서 또 출현할 것으로 생각해보자는 것이다.

73회 **18**과 **40**을 그대로 선택하자. (2개)

그럼 왜 이 번호일까. 앞에서 최근의 타입을 설명하면서 73회 18, 40, 43을 소개했었다. 이 타입이 74회에서 또 나오리라고 예상하면서 73회 18, 40 두 번호를 선택했다는 점이다.

73회에서 15가 당첨 번호가 아니지만, 만일 73회에서 15, 18, 40, 43으로 결합해 놓으면 중복 타입임을 알 수 있다. 독자들도 알다시피 여기서 18, 40, 43은 73회 당첨 번호라는 것이다.

세 번째 번호다. 앞에서 가공의 중복 타입을 보여주었는데, 73회 43을 떨어져 나가게 하고, 대신에 15를 74회 당첨 번호로 확정하자는 것이다. 한마디로 가공의 중복 타입을 기준으로 실제의 당첨 번호 하나를 빼고 다른 임의의 번호 1개를 끼워 넣자는 것이다. 보다시피 번호 1개씩 빼고 추가해도 같은 일반 타입으로 되는 것을 알 수 있다. 이렇게 해서 **15**를 구하게 되었다. (3개)

앞에서 15를 구하는 과정을 알아봤는데, 다른 방법으로도 구할 수 있다. 최근에 나온 타입으로서 72회 보1, 4, 26의 타입을 소개했었는데, 바로 이 타입을 앞에서 준비해 두었던 74회 18, 40으로 전개하면 즉 72회에서 그대로 아래로 2칸 이동시켜 보면 74회 15, 18, 40으로 나오게 할 수 있다는 점이다. 이때 74회 18과 40은 이미 구해 둔 번호이므로 같이 이동해 나온 15도 74회 당첨 번호로 자연스럽게 확정할 수 있을 것이다.

네 번째 번호다. 이미 찾아둔 74회 15, 18의 모양을 보자. 0행·3열 간격이다. 이 모양이 최근에 나와 있을까. 있다. 바로 72회 보1, 4와 73회 40, 43이다.

따라서 앞에서 살펴본 72회 보1, 4의 모양을 포함하고 있는 72회 보1, 2, 4의 타입을 이미 구해 둔 74회 15, 18로 전개하면 74회 15, **17**, 18의 타입으로 나오게 할 수 있다. 이렇게 해서 17을 구하게 되었다. (4개)

다섯 번째 번호다. 74회 15, 17의 모양을 보자. 이 모양과 같은 게 73회 보38, 40이다. 따라서 이 모양을 포함하고 있는 73회 보38, 40, 43의 타입을 앞에서 구해 둔 74회 15, 17로 전개하면 74회 **6**, 15, 17의 타입으로 만들 수 있다. 이렇게 해서 6을 구할 수 있게 되었다. (5개)

6과 관련해, 72회 보1, 26, 27과 74회 6, 17, 18은 같은 타입이다.

마지막 번호다. 74회 6, 40의 모양을 보자. 이 모양을 보고, 서로 멀리 떨어져 있는 번호라고 생각한다면 틀린 생각이라는 것이다. 용지의 특성을 다시 알아보길 바란다. 이 두 번호의 모양은 1행·1열 간격이다.

이 모양과 같은 게 73회 12, 18이다. 따라서 이 모양을 포함하고 있는 73회 3, 12, 18의 타입을 이미 구해 둔 74회 6, 40으로 전개하면 74회 6, **35**, 40의 타입으로 나오게 할 수 있다. (6개)

| 72회 | 73회 | 74회 | 75회 | **76회** |

타입 선택과 결합

(72회 4, 11, 26) = (76회 15, 22, 37)

(74회 15, 17, 35) = (76회 1, 3, 25)

추가 설명

(72회 보1, 4, 17) = (76회 22, 25, 37)

(73회 12, 보38, 40) = (76회 1, 3, 15)

(74회 15, 17, 보23) = (76회 1, 3, 37)

(75회 2, 5, 44) = (76회 15, 22, 25)

(75회 24, 32, 44) = (76회 3, 15, 37)

중복 타입

3, 15, 25, 37

저자의 눈

최근에 나타난 타입을 보자. 72회 2, 4, 26과 74회 15, 17, 35는 같은 타입이다. 이 타입이 76회에서 또 나오리라고 예상하고 작업해보자.

독자들은 어떤 번호들을 선택할 것인가. 뭔가 어렵게 구해야 제대로 작업한 것으로 생각할지도 모르겠다. 사실은 꼭 이런 게 아니다. 비유하자면 이렇다. 권투 시합에서 힘을 들여 강하게 '훅'을 날렸는데, 상대가 피할 수도 있고 오히려 상대로부터 역습의 펀치를 맞고 경기에서 질 수도 있다. 따라서 상대에게 가볍게 '잽'을 던지면서 기회를 엿볼 수도 있다는 것이다.

앞에서의 타입을 다시 보길 바란다. 이런 후에 75회로 넘어가자. 이 타입이 나오도록 가볍게(!) 미세조정을 하고자 한다. 75회 2를 기준으로 좌우로 1칸씩 옮겨보면 76회 **1, 3**으로 된다. (2개)

참고로 최근에 나온 것을 보면 1은 72회 보너스 번호이고 3은 73회 당첨 번호다. 이런 식으로 연관 지어 생각해야 한다는 것이다.

이어서 75회 24를 차분히 우로 1칸 보내 76회 **25**로 만든다. (3개)

이렇게 미세조정으로 3개 번호를 구함으로써 앞에서 알아본 72회와 74회의 타입으로 만들었다.

번호를 구하는 과정에서의 정답은 없다고 했다. 이 책의 설명에서처럼 독자들도 하나하나 타입을 만들어가면서 그때마다 나오는 번호를 찾으면 될 것이다.

네 번째 번호다. 앞에서 76회 1, 3을 구해 두었다. 이 두 번호의 모양과 같은 게 72회, 73회, 74회 75회에 나와 있는데, 여기선 73회와 74회에 나타난 모양을 이용하고자 한다. 따라서 이 모양을 포함하고 있는 73회 32, 보38, 40의 타입이나 74회 15, 17, 보23의 타입을 이미 준비해 둔 76회 1, 3으로 전개하면 76회 1, 3, **37**의 타입으로 만들 수가 있다. (4개)

참고로 37과 관련해 73회 12, 18, 보38과 74회 15, 보23, 35와 75회 2, 24, 32는 같은 타입인데 이 타입이 76회 3, 25, 37로 나타난 것으로 보면 될 것이다.

다섯 번째 번호다. 76회 25, 37의 모양을 보자. 2·2다. 즉 2행·2열 간격이다. 이 모양과 같은 게 있다. 바로 75회 2, 32의 모양이다. 마치 그림자 타입이 있는 것과 같이, 역시 그림자 모양이라는 것이다. 즉 모양이 한눈에 들어오질 않고 자세히 들여다봐야 한다.

따라서 75회 2, 32의 모양을 포함하고 있는 75회 2, 5, 32의 타입을 구해 둔 76회 25, 37로 전개하면 76회 **22**, 25, 37의 타입으로 나오게 할 수 있다. (5개)

여기까지 알아낸 번호는 76회 1, 3, 22, 25, 37 다섯 개다.

용지에 5개 번호를 표시해보면 어떨까 한다. 여기서 76회 22, 25, 37의 타입을 따로 떼어내어 생각해보자.
이 타입에서 2개 모양을 만들려고 한다. 즉 76회 22, 25와 76회 22, 37이다.

마지막 번호다. 먼저 76회 22, 25의 모양과 같은 게 75회 2, 5다. 따라서 이 모양을 포함하고 있는 75회 2, 5, 44의 타입을 앞서 구해 둔 76회 22, 25로 전개하면 76회 15, 22, 25의 타입으로 만들 수 있다.
다음으로 76회 22, 37의 모양과 같은 게 72회 11, 26이나 73회 3, 18이다. 여기서 특별한 이유가 있는 것은 아닌데 72회 11, 26의 모양을 예로 들겠다.

따라서 72회 11, 26의 모양을 포함하고 있는 72회 4, 11, 26의 타입을 역시 미리 구해 두었던 76회 22, 37로 전개하면 76회 15, 22, 37의 타입으로 나오게 할 수 있다는 것이다.

앞에서와 같이 모양이 다른 것을 포함하고 있는 각 타입이 76회로 전개되었는데, 이때 나타난 번호들을 보면 15가 두 개 타입에서 공통으로 나왔다. 이렇게 해서 **15**를 76회 당첨 번호로 구할 수 있게 되었다. (6개)

추억의 이야기

⤬⤬⤬

요즘은 어디에 가더라도 먹을 것이 넘쳐(!)난다. 풍요의 시대다. 저자가 어릴 때인 60년대의 어느 여름날, 귀에 크게 들리는 소리가 있었다. 소리 나는 그대로 표현한다면 바로 '아이스께끼'다. 일본말인데 영어로 표기한다면 'ice cake'다.

형인지 아저씨인지 아무튼 한 손에 빙과류 통을 들고 다니면서 사 먹으라고 재촉하는 그 목소리에 사 먹어줘야 하는 게 예의(!) 아니겠는가. 돈을 얼마 냈는지 기억이 잘 나질 않는데 아마 5원이었던 것 같다.

어릴 적 경험이 가슴 깊이 남는 법. 그 색깔 있고 시원한 맛이란.
그때 먹었던 것과 지금의 빙과류를 비교한다면 요즘 것들이 훨씬 더 좋을지도 모르겠지만, 저자의 마음이 옛날의 그것에 더 끌리는 것은 왜일까.

74회	75회	76회	77회	**78회**

타입 선택과 결합

(75회 보28, 32, 34) = (78회 29, 33, 35)

(76회 22, 25, 37) = (78회 10, 13, 25)

추가 설명

(74회 15, 18, 40) = (78회 10, 13, 35)

(75회 2, 5, 24) = (78회 10, 13, 33)

(76회 3, 25, 37) = (78회 13, 25, 33)

(76회 3, 22, 37) = (78회 10, 25, 33)

중복 타입

25, 29, 33, 35

저자의 눈

여기서 독자들에게 한번 물어보고 싶다. 이 책이 독자들에게 많은 도움을 주고 있는지. 만일 그렇다면 이 책의 저자로서 보람을 느낀다.

최근에 나온 번호 2, 3개 정도를 선택해보라고 했다. 이 개수에는 미세조정된 것도 포함된다.

75회 24와 32의 직교 칸이면서, 76회 당첨 번호이면서, 그리고 77회 18과 32의 사이 칸이 25다. 따라서 **25**를 선택하겠다. (1개)

76회 15, 22와 결합해 방향성 타입으로 나오게 하면서 77회 당첨 번호가 29다. 따라서 **29**를 뽑아내는 것으로 하겠다. (2개)

이제 두 번호 78회 25, 29의 모양을 보자. 1·3이다. 즉 1행·3열 간격이다. 이 모양과 같은 게 75회와 76회에 있는데 여기선 75회의 모양을 이용하려고 한다.

세 번째 번호다. 78회 25, 29의 모양과 같은 게 75회 24, 34다. 따라서 이 모양을 포함하고 있는 75회 5, 24, 34의 타입을 이미 구해 둔 78회 25, 29로 전개하면 78회 **10**, 25, 29의 타입으로 만들 수가 있다. (3개)

그런데 앞에서처럼 5를 묶어낼 수 있느냐가 관건이다. 독자들이 혹 놓칠 수도 있는 타입으로서 우리가 공부했었던 그림자 타입이라는 것이다. 이 점을 유의하면서 75회 5, 24, 34의 타입과 78회 10, 25, 29는 같은 타입임을 바탕으로 75회 5가 78회 10으로 나오게 됨을 알 수 있다.

여기서 78회 10은 75회, 76회, 77회에서 중복 타입으로 되게 하고 77회에서 2와 18과 결합해 방향성 타입을 만들 수 있다는 것이다.

네 번째 번호다. 이제 78회 10, 25의 모양을 보자. 2·1이다. 즉 2행·1열 간격이다. 이 모양과 같은 게 여러 소스 회차에 있는데 이 가운데 76회 22, 37의 모양을 이용해 작업하고자 한다.

76회 22, 37의 모양을 포함하고 있는 76회 3, 22, 37의 타입을 앞에서 준비해 둔 78회 10, 25로 전개하면 78회 10, 25, **33**의 타입으로 만들 수 있다. (4개)

다섯 번째 번호다. 78회 25, 33의 모양과 같은 게 75회의 24, 32다. 따라서 이 모양을 포함하고 있는 75회 24, 32, 34의 타입을 78회 25, 33으로 전개하면 78회 25, 33, **35**의 타입으로 나오게 된다. (5개)

보다시피 앞에서 언급된 75회 타입이 우로 1칸 이동해 78회에서 나왔다.

한편 78회 25, 29, 33, 35는 중복 타입임을 알 수 있는데, 어떤 번호를 선택해야 할지 모르는 상황에서 이런 중복 타입을 이용해 그 어떤 번호를 고를 수도 있겠다.

마지막 번호다. 78회 10, 25의 모양과 같은 게 76회 22, 37이다. 따라서 이 모양을 포함하고 있는 76회 22, 25, 37의 타입을 앞에서 찾아둔 78회 10, 25로 전개하면 78회 10, **13**, 25의 타입으로 나오게 할 수 있다. (6개)

다음엔 타입이 아닌 번호 이동으로 78회 번호를 구해보자.

74회 15, 18, 40을 상1우2 칸으로 보내면 78회 10, 13, 35로 나타난다.

75회 24, 보28, 32, 34를 우로 1칸 옮기면 78회 25, 29, 33, 35로 된다.

76회 22, 25, 37을 상2우2 칸으로 작업하면 78회 10, 13, 25로 나온다.

이제 앞에서 작업한 번호들을 중복 없이 모아보면 78회 당첨 번호로 된다.

| 76회 | 77회 | 78회 | 79회 | **80회** |

타입 선택과 결합

(78회 25, 33, 보38) = (80회 17, 25, 30)

(79회 24, 30, 32) = (80회 18, 24, 26)

추가 설명

(76회 1, 3, 보43) = (80회 17, 24, 26)

(77회 보37, 43, 44) = (80회 18, 24, 25)

(77회 32, 보37, 44) = (80회 18, 25, 30)

(78회 25, 29, 보38) = (80회 17, 26, 30)

중복 타입

17, 18, 24, 25

17, 18, 25, 26

저자의 눈

최근에 나왔던 번호 2, 3개를 선택해보라고 계속 언급해왔다. 여기에선 79회 24, 30 두 번호를 뽑아내려고 한다. 항상 이렇게 생각해야 하는 건 아니지만 두 번호가 서로 가까이 있다는 것이다. 이 두 번호의 모양을 이용하면 타입을 만들기가 좀 더 수월해질 수 있다는 것이다. 이해했으리라고 본다. 따라서 **24, 30** 두 번호를 그대로 선택하고자 한다. (2개)

세 번째 번호다. 이 모양과 같은 게 76회, 77회, 78회, 79회에서 각각 나타났는데 78회 25, 33의 모양을 이용하고자 한다. 따라서 이 모양을 포함하고 있는 78회 25, 33, 35의 타입을 이미 구해 둔 80회 24, 30으로 전개하면 80회 24, **26**, 30의 타입으로 나오게 할 수 있다. (3개)

네 번째 번호다. 80회 24, 26의 모양을 보자. 0·2다. 즉 0행·2열 간격이다. 이 모양과 같은 게 76회, 78회, 79회에 나와 있는데, 여기선 79회 30, 32의 모양을 이용하고자 한다. 따라서 79회 30, 32의 모양을 포함하고 있는 79회 24, 30, 32의 타입을 이미 찾아둔 80회 24, 26으로 전개하면 80회 **18**, 24, 26의 타입으로 나오게 할 수 있다. (4개)

77회에서 18이 당첨 번호로 나왔다.

저자의 생각으로는 이렇게 4개 번호를 선택하고 '반자동'으로 복권을 구매한다면 여기에 운까지 들어온다면, '대박'이라는 행운이 독자들에게 다가올지도 모르겠다. 단 복권 용지 면 좌측에 표기하는 것을 전제로 해서 말이다.

여기에 대해 잠깐 언급하겠다. 저자가 복권 시스템을 들여다보지 못했지만, 일정한 규정 이나 절차 속에서 번호를 생성해 복권구매자에게 제공한다는 것이다.

그런데 첫 번째(선) 게임에서 번호를 잘못 선택하면, 이 영향으로 두 번째(후) 게임 등에서 원하지 않은 번호가 나타날 가능성이 있다는 것이다.

따라서 무리하게(!) 수동으로 복권을 구매하지 말고 3, 4개 정도를 표시한 후에 '반자동'으로 처리하는 것이 어떨까 한다.

다섯 번째 번호다. 80회 18, 24의 모양을 보자. 1행·1열 간격이다. 이 모양과 같은 게 77회 보37, 43이다. 따라서 이 모양을 포함하고 있는 77회 보37, 43, 44의 타입을 이미 구해둔 80회 18, 24로 전개하면 80회 18, 24, **25**의 타입으로 만들 수 있다는 것이다. (5개)

마지막 번호다. 80회 25, 30의 모양을 보자. 이 모양과 같은 게 78회 33, 보38이다. 따라서 이 모양을 포함하고 있는 78회 25, 33, 보38의 타입을 앞에서 찾아둔 80회 25, 30으로 전개하면 80회 **17**, 25, 30의 타입으로 만들 수 있다는 것이다. (6개) 이렇게 해서 타입을 생성하면서 80회 6개 번호를 모두 구했다.

참고로 타입에 대해 좀 더 알아보자.
76회 3, 37, 보43과 78회 25, 33, 보38 그리고 80회 17, 25, 30은 같은 타입이고, 76회 1, 3, 37과 79회 24, 30, 32 그리고 80회 18, 24, 26도 같은 타입이다.

지금부턴 번호 이동에 대해 알아보려는데 도표에 표시된 밑줄 번호를 보자.

78회 25, 33, 보38의 타입을 상1좌1 칸으로 보내면 17, 25, 30으로 된다. (3개)
이때 이동 시의 인력에 의해 18 등이 같이 나타날 수도 있는데 여기선 이 과정을 생략하는 것으로 하겠다.

이번엔 79회 24, 30, 32라는 타입을 상1우1 칸으로 이동시키면 18, 24, 26으로 나온다. (6개)

78회

79회

80회

81회

타입 선택과 결합

(80회 18, 24, 26) = (81회 5, 11, 13)

(80회 보1, 17, 30) = (81회 7, 20, 33)

추가 설명

(78회 13, 33, 35) = (81회 11, 13, 33)

(78회 10, 25, 보38) = (81회 5, 20, 33)

(78회 29, 33, 35) = (81회 7, 11, 13)

(79회 3, 12, 32) = (81회 11, 20, 33)

(79회 12, 보14, 27) = (81회 5, 7, 20)

(80회 17, 25, 30) = (81회 5, 11, 20)

(80회 17, 24, 30) = (81회 7, 13, 20)

(80회 17, 24, 26) = (81회 11, 13, 20)

(80회 24, 26, 30) = (81회 5, 7, 11)

(78회 13, 29, 33, 35) = (81회 7, 11, 13, 33)

여기서 궁금해하는 독자들을 위해 언급할 게 있다. 추가 설명에서 보여준 타입들을 반드시 모두 알아야만 하는 것은 아니라는 것이다.

즉 저자는 눈에 들어오는 타입을 앞에서와 같이 차례대로 기술해놨지만, 독자들은 이 가운데서 원하는 타입을 선택하고 결합해 81회 타입들로 만들면 된다는 점이다. 아니 오히려 독자들이 새로운 타입을 만들어 81회로 나오게 할 수도 있을 것이다. 이점 유념하길 바란다.

중복 타입
5, 7, 11, 13

저자의 눈
어떤 소스 회차의 2, 3개 정도의 번호가 때때로 그대로 다시 나오는 경우가 있다는 사실이다.

우리가 계속 살펴봐 왔던 내용인데 먼저 모양을 보자. 78회 13, 33과 79회 12, 32와 80회 보1, 30은 같은 모양임을 알 수 있을 것이다. 여기서 78회 소스 회차의 13과 33의 모양이 다시 나올 것으로 예상하면서 **13, 33**을 81회 당첨 번호로 확정하자는 것이다. (2개)

미리 얘기하는데 앞에서 언급했던 78회, 79회, 80회에서 나온 모양을 포함하고 있는 타입이 모두 같은 것이라는 것이다. 따라서 80회의 모양을 기준으로 설명해도 괜찮다는 것이다.

세 번째 번호다. 81회 13, 33과 모양이 같은 게 80회 보1, 30이다. 따라서 이 모양을 포함하고 있는 80회 보1, 24, 30의 타입을 앞에서 이미 구해 둔 81회 13, 33으로 전개하면

81회 **7**, 13, 33의 타입으로 만들 수 있다. (3개)

　네 번째 번호다. 앞의 81회 13, 33의 모양을 다시 보자. 3행·1열 간격이다. 이 모양과 같은 게 78회 13, 33인데 번호도 같다. 따라서 이 모양을 포함하고 있는 78회 13, 33, 35의 타입을 이미 찾아둔 81회 13, 33으로 전개하면 81회 **11**, 13, 33의 타입으로 나오게 할 수 있다는 것이다. (4개)

　다섯 번째 번호다. 이제 81회 11, 13의 모양을 보자. 0·2다. 즉 0행·2열 간격이다. 이 모양과 같은 게 80회 24, 26이다. 따라서 이 모양을 포함하고 있는 80회 18, 24, 26의 타입을 미리 구해놓은 81회 11, 13으로 전개하면 81회 **5**, 11, 13의 타입으로 만들 수가 있겠다. (5개)

　마지막 번호다. 81회 5, 13의 모양을 보면 80회 24, 30의 모양과 같다는 것을 알 수 있을 것이다. 따라서 80회 17, 24, 30의 타입을 앞에서 구해 둔 81회 5, 13으로 전개하면 81회 5, 13, **20**으로 되게 할 수 있다는 것이다. (6개)

　81회 20을 구하는 것과 관련해 다른 타입으로 알아보자.
　81회 11, 13의 모양을 보자. 이 모양과 같은 게 80회 24, 26이다. 따라서 이 모양을 포함하고 있는 80회 17, 24, 26의 타입을 앞에서 찾아둔 81회 11, 13으로 전개하면 81회 11, 13, 20의 타입으로 나오게 할 수 있다. 이렇게 해서도 20을 구할 수 있다는 점이다.

83회 (31)

80회	81회	82회	83회

타입 선택과 결합

(81회 11, 13, 20) = (83회 10, 15, 17)

(82회 14, 27, 42) = (83회 6, 19, 34)

추가 설명

(80회 17, 26, 30) = (83회 6, 10, 19)

(80회 보1, 25, 30) = (83회 10, 19, 34)

(80회 보1, 24, 26) = (83회 15, 17, 34)

(80회 보1, 18, 25) = (83회 10, 17, 34)

(81회 5, 20, 33) = (83회 6, 19, 34)

(82회 1, 3, 14) = (83회 6, 17, 19)

중복 타입

10, 15, 17, 19

6, 10, 15, 19

저자의 눈

저자가 강조해왔던 것들 가운데 두 가지를 들어보라고 한다면, '최근의 번호 두세 개를 선택해보라는 것'과 '나타났던 타입이 또 나오는 것'이다. 이런 점을 염두에 두면서 저자와 함께 번호를 탐색해보자.

81회 보6을 그대로 즉 **6**을 선택한다. (1개)

이어서 81회 20을 좌로 1칸 옮겨 **19**로 만들어둔다. (2개)

세 번째 번호다. 83회 6과 19를 준비했는데 두 번호의 모양을 보자. 2·1이다. 즉 2행·1열 간격이다. 이 모양과 같은 게 82회 14, 27이다. 따라서 이 모양을 포함하고 있는 82회 14, 27, 42의 타입을 이미 구해 둔 83회 6, 19로 전개하면 83회 6, 19, **34**의 타입으로 나오게 할 수 있다. (3개)

자세히 보면 81회 보6, 20, 33과 82회 14, 27, 42와 83회(목표 회차) 6, 19, 34는 모두 같은 타입인데 이 타입의 흐름에 관해 살펴보자. 81회 타입을 위로 2칸 올리거나 82회 타입을 상1좌1 칸으로 보내면 83회 타입으로 나오게 할 수 있다. 또 81회에서의 미세조정으로 83회 타입을 만들 수 있다는 점이다.

네 번째 번호다. 83회 6, 19의 모양을 보자. 2·1이다. 즉 2행·1열 간격이다. 이 모양과 같은 게 80회, 81회에 있는데 81회 7, 20을 이용하고자 한다. 따라서 이 모양을 포함하고 있는 81회 7, 11, 20의 타입을 앞에서 구해 둔 83회 6, 19로 전개하면 83회 6, **10**, 19의 타입으로 나오게 할 수 있다. (4개)

보면 81회 타입이 왼쪽으로 1칸 이동했음을 알 수 있을 것이다.

다섯 번째 번호다. 83회 10, 19의 모양을 보자. 1행·2열 간격이다. 이 모양과 같은 게 81회 11, 20이다. 따라서 이 모양을 포함하고 있는 81회 11, 13, 20의 타입을 이미 찾아둔 83회 10, 19로 전개하면 83회 10, **17**, 19의 타입으로 만들 수 있다. (5개)

마지막 번호다. 중복 타입이 자주 출현하는 경향이 있으므로 여기선 이 특성을 이용해 보고자 한다. 83회 10, 17, 19의 타입을 생각하자. 이 타입과 같은 게 10, 15, 17이므로 중복 타입으로 되게 하는 83회 **15**를 찾을 수 있다는 것이다. (6개)

15를 구하게 할 수 있는 또 다른 중복 타입으로는 6, 10, 15, 19가 있다.

번호 이동에 대해 알아보자.

80회 17, 24, 26을 위로 1칸 올리면 83회 10, 17, 19로 나온다.

81회 7, 11, 20을 왼쪽으로 1칸 옮기면 83회 6, 10, 19로 된다.

81회 보6, 20, 33을 위로 2칸 올려 보면 83회 6, 19, 34로 나타난다.

82회 14, 27, 42를 상1좌1 칸으로 이동시켜 보면 83회 6, 19, 34로 만들 수 있다.

| 81회 | 83회 | 84회 | **85회** |

타입 선택과 결합

(83회 6, 보14, 19) = (85회 23, 31, 36)

(83회 10, 15, 17) = (85회 6, 8, 13)

추가 설명

(81회 5, 11, 20) = (85회 23, 31, 36)

(81회 11, 13, 20) = (85회 6, 8, 13)

(81회 5, 20, 33) = (85회 8, 23, 36)

(83회 10, 17, 34) = (85회 6, 13, 31)

(83회 6, 19, 34) = (85회 8, 23, 36)

(83회 17, 19, 34) = (85회 6, 8, 23)

(83회 6, 10, 17) = (85회 6, 13, 23)

(84회 23, 27, 34) = (85회 6, 13, 23)

(84회 보11, 27, 34) = (85회 6, 13, 36)

(84회 16, 23, 34) = (85회 6, 13, 31)

중복 타입

없음

저자의 눈

81회 보6, 83회 6이 보인다. 항상 이렇게 생각해야 하는 건 아니지만 '건너뛰기' 출현을 예상하고 **6**을 선택하자. (1개)

이어서 1전 회인 84회 **23**을 그대로 뽑아내자. (2개)

세 번째 번호다. 두 번호의 위치 관계인 모양을 보자. 2행·3열 간격이다. 이 모양과 같은 게 83회 6, 17이다. 따라서 이 모양을 포함하고 있는 83회 6, 10, 17의 타입을 앞에서 찾아 둔 85회 6, 23으로 전개하면 85회 6, **13**, 23의 타입으로 만들 수 있다. (3개)

네 번째 번호다. 85회 6, 13의 모양을 보자. 1·0이다. 즉 1행·0열 간격이다. 이 모양과 같은 것들 가운데 83회 10, 17을 이용하려고 한다. 따라서 이 모양을 포함하고 있는 83회 10, 15, 17의 타입을 이미 구해 둔 85회 6, 13으로 전개하면 85회 6, **8**, 13의 타입으로 나오게 할 수 있다. (4개)

다섯 번째 번호다. 85회 8, 23의 모양을 보자. 2행·1열 간격이다. 이 모양과 같은 게 83회 6, 19다. 따라서 이 모양을 포함하고 있는 83회 6, 19, 34의 타입을 준비해 둔 85회 8, 23으로 전개하면 85회 8, 23, **36**의 타입으로 만들 수 있다는 것이다. (5개)

마지막 번호다. 85회 23, 36의 모양을 보자. 역시 2행·1열 간격이다. 이 모양과 같은 게 83회 6, 19다. 따라서 이 모양을 포함하고 있는 83회 6, 보14, 19의 타입을 이미 구해 둔 85회 23, 36으로 전개하면 85회 23, **31**, 36으로 되게 할 수 있다. (6개)

85회 31과 관련해 83회 10, 17, 34와 84회 16, 27, 34와 85회 6, 13, 31은 모두 같은 타입이다.

| 83회 | 84회 | 85회 | 86회 |

타입 선택과 결합

(84회 16, 23, 27) = (86회 2, 12, 37)

(85회 보21, 23, 31) = (86회 39, 41, 45)

추가 설명

(83회 6, 10, 보14) = (86회 37, 41, 45)

(83회 15, 17, 19) = (86회 37, 39, 41)

(83회 17, 19, 34) = (86회 12, 37, 39)

(83회 6, 10, 19) = (86회 2, 12, 39)

(85회 6, 8, 보21) = (86회 12, 39, 41)

(85회 6, 13, 23) = (86회 2, 12, 37)

중복 타입

없음

저자의 눈

84회 **45**가 눈에 들어온다. 이 번호가 86회에서 또 나올 것으로 예상하면서 그대로 선택한다. (1개)

두 번째 번호다. '개별번호 선택 과정'에서 다뤘던 내용인데 방향성 타입을 이용해 번호를 알아내려고 한다. 85회 23, 31을 보자. 이 두 번호에 39를 결합하면 방향성 타입으로 된다는 것이다. 따라서 방향성 타입으로 만들 수 있는 번호인 **39**를 뽑아내는 것으로 하겠다. (2개)

세 번째 번호다. 이제 선택된 두 번호인 86회 39, 45의 모양을 보자. 1·1이다. 즉 1행·1열 간격이다. 이 모양과 같은 게 85회 23, 31이다. 따라서 이 모양을 포함하고 있는 85회 보21, 23, 31의 타입을 구해 둔 86회 39, 45로 전개하면 86회 39, **41**, 45의 타입으로 나타나게 할 수 있다. (3개)

네 번째 번호다. 86회 39, 41의 모양을 보자. 0행·2열 간격이다. 이 모양과 같은 게 83회, 85회에 있는데 85회 보21, 23을 이용하고자 한다. 따라서 이 모양을 포함하고 있는 85회 보21, 23, 36의 타입을 앞에서 구해 둔 86회 39, 41로 전개하면 86회 **12**, 39, 41의 타입으로 나오게 할 수 있다. (4개)

지금까지 구한 번호는 12, 39, 41, 45인데, 이 번호들을 84회에서 미세조정으로 찾아낼 방법이 있는지 알아보길 바란다. 더 나아가 1-2-3 법칙을 이용해 84회에서 86회 번호 6개를 모두 구할 수도 있을 것이다.

다섯 번째 번호다. 앞에서 알아봤던 86회 39, 41의 모양을 다시 보자. 0행·2열 관계다. 이 모양과 같은 게 83회 17, 19다. 따라서 이 모양을 포함하고 있는 83회 15, 17, 19의 타입을 이미 찾아둔 86회 39, 41로 전개하면 86회 **37**, 39, 41의 타입으로 만들 수 있다. (5개)

마지막 번호다. 86회 12, 37의 모양을 보자. 2·3이다. 즉 2행·3열 간격이다. 이 모양과 같은 게 84회 16, 27이다. 따라서 이 모양을 포함하고 있는 84회 16, 23, 27의 타입을 이미 알아둔 86회 12, 37로 전개하면 86회 **2**, 12, 37의 타입으로 되게 할 수 있다. (6개)

번호 이동에 대해 알아보자.

83회 15, 17, 19를 하3우1 칸으로 보내면 86회 37, 39, 41로 나타난다.

83회 17, 19, 34를 상3좌1 칸으로 옮기면 86회 12, 37, 39로 된다.

85회 보21, 23, 36을 하3좌3 칸으로 이동시켜 보면 86회 12, 39, 41로 나온다.

85회 6, 8, 13을 상2우3 칸으로 작업하면 86회 2, 37, 39로 만들 수 있다.

| 84회 | 85회 | 86회 | 87회 | **88회** |

타입 선택과 결합

(86회 2, 12, 보33) = (88회 20, 30, 41)

(87회 4, 16, 23) = (88회 1, 17, 24)

추가 설명

(84회 16, 23, 42) = (88회 1, 17, 24)

(85회 8, 23, 31) = (88회 1, 24, 30)

(85회 6, 13, 보21) = (88회 17, 24, 30)

(85회 6, 8, 36) = (88회 1, 20, 41)

(87회 16, 23, 보26) = (88회 17, 20, 24)

(87회 16, 23, 34) = (88회 17, 24, 41)

중복 타입

없음

저자의 눈

2전 회인 86회의 **41**을 그대로 선택하자. (1개)

이어서 87회 4, 12와 결합해 방향성 타입으로 되게 하는 번호가 20이고, 또 87회에서 중복 타입으로 나오게 할 수 있는 번호가 20이다. 따라서 이 **20**을 88회 당첨 번호로 생각해보자는 것이다. (2개)

세 번째 번호다. 이제 앞에서 선택했던 두 번호의 위치 관계 즉 모양을 보자. 3행·0열 간격이다. 이 모양과 같은 게 86회 12, 보33이다. 따라서 이 모양을 포함하고 있는 86회 2, 12, 보33의 타입을 앞에서 미리 준비해 둔 88회 20, 41로 전개하면 88회 20, **30**, 41의 타입으로 만들 수 있다. (3개)

88회 30에 대해 살펴보면 20, 30의 끝수가 같고, 87회에서 30이 방향성 타입을 만든다.

네 번째 번호다. 88회 20, 30의 모양을 보자. 2행·4열 간격이다. 이 모양과 같은 게 87회 16, 34다. 따라서 이 모양을 포함하고 있는 87회 16, 보26, 34의 타입을 이미 구해 둔 88회 20, 30으로 전개하면 88회 20, **24**, 30의 타입으로 만들 수 있다는 것이다. (4개)

여기까지 88회 20, 24, 30, 41 네 번호를 구했다. 88회 24와 30을 타입이 아닌 방법으로 구할 수도 있는데 일부 독자들도 이 내용을 알 것이다. 바로 '특정 번호를 옆으로 1칸 옮기면서 위로 또는 아래로 1칸 보내는 것'이다.

따라서 87회 23을 오른쪽으로 1칸 보내 24로 만들면서, 동시에 23을 아래로 1칸 내려 30으로 나오게 하면 된다는 것이다.

다섯 번째 번호다. 88회 24, 30의 모양을 보자. 1행·1열 간격이다. 이 모양과 같은 게 85회 23, 31이다. 따라서 이 모양을 포함하고 있는 85회 8, 23, 31의 타입을 이미 찾아둔 88회 24, 30으로 전개하면 88회 **1**, 24, 30의 타입으로 되게 할 수 있다는 것이다. (5개)

참고로 다른 타입을 이용해 88회 1을 찾아낼 수도 있다. 바로 87회 4, 12, 34의 타입을 활용하는 것이다. 이 타입을 88회 24, 30으로 전개하면 88회 1, 24, 30의 타입으로 나오게 할 수 있다. 이때 주의할 점은 88회에서 타입을 만들 시 44를 거쳐 가는 것으로 해야 한다는 것이다.

추가로 중복 타입을 이용해 직접 88회 1을 구할 수 있는데 85회, 86회, 87회에서 중복 타입으로 만들 수 있는 번호가 1이라는 점이다.

마지막 번호다. 88회 20, 24의 모양을 보자. 1행·3열 간격이다. 이 모양과 같은 게 87회 16, 보26이다. 따라서 이 모양을 포함하고 있는 87회 16, 23, 보26의 타입을 앞에서 구해둔 88회 20, 24로 전개하면 88회 **17**, 20, 24의 타입으로 만들 수 있겠다. (6개)

앞의 88회 17과 관련해 다른 타입을 이용해 이 번호를 구해보자.
85회 6, 13, 보21과 88회 17, 24, 30은 같은 타입이고, 87회 4, 16, 23과 88회 1, 17, 24도 같은 타입이다.

| 89회 | 90회 | 91회 | 92회 | **93회** |

타입 선택과 결합

(91회 21, 보27, 29) = (93회 36, 38, 44)

(92회 3, 33, 35) = (93회 6, 22, 24)

추가 설명

(89회 26, 28, 40) = (93회 22, 24, 36)

(89회 4, 26, 40) = (93회 24, 38, 44)

(90회 보10, 20, 38) = (93회 6, 24, 38)

(91회 24, 26, 42) = (93회 6, 22, 24)

(91회 1, 21, 보27) = (93회 22, 38, 44)

(92회 3, 보17, 33) = (93회 6, 22, 36)

중복 타입

22, 24, 36, 38

저자의 눈

최근에 나왔던 번호에 대해 알아보자. 건너뛰기 출현을 예상하면서 93회 당첨 번호로 26을 선택할 수도 있을 것이다. 하지만 결과는 이 번호가 아니다. 여기서 저자가 한마디 한다면, 생각 과정은 좋은데 단지 운이 없다는 것이다. '로또란 게 이런 거구나' 정도로 생각하자.

91회, 92회에서 **24**가 나왔는데 이 번호를 선택하자. (1개)

두 번째 번호다. 여러 소스 회차에서 나타난 번호들 가운데 어느 번호를 선택해야 할까. 여기선 좀 복잡하게 생각하지 말고 단순하게(!) 끝쪽 부분에 놓여있는 90회 **44**를 그대로 한번 골라내보자. (2개)

세 번째 번호다. 두 번호의 끝수가 같다. 이제 이 번호들의 상호위치 관계 즉 모양을 보자. 3행·1열 간격이다. 이 모양과 같은 것들 가운데 89회 4, 26을 이용하고자 한다. 따라서 이 모양을 포함하고 있는 89회 4, 26, 40의 타입을 앞에서 미리 찾아둔 93회 24, 44로 전개하면 93회 24, **38**, 44의 타입으로 나오게 할 수 있다. (3개)

자세히 보면 38이 90회에서 나왔던 번호임을 알 수 있다. 이런 식으로 번호 흐름이 이뤄지고 있다는 것이다.

네 번째 번호다. 93회 38, 44의 모양을 보자. 1행·1열 간격이다. 이 모양과 같은 게 91회 21, 보27이다. 따라서 이 모양을 포함하고 있는 91회 21, 보27, 29의 타입을 이미 구해 둔 93회 38, 44로 전개하면 93회 **36**, 38, 44의 타입으로 만들 수 있다. (4개)

다섯 번째 번호다. 93회 36, 38의 모양을 보자. 0행·2열 간격이다. 이 모양과 같은 것들 가운데 89회 26, 28을 이용하려고 한다. 따라서 이 모양을 포함하고 있는 89회 26, 28, 40의 타입을 이미 준비해 둔 93회 36, 38로 전개하면 93회 **22**, 36, 38의 타입으로 나타나게 할 수 있다. (5개)

어떤 독자들은 직관적으로 중복 타입을 이용해 93회 22를 바로 뽑아낼 수도 있을 것이다. 즉 93회 22, 24, 36, 38이 중복 타입이다. 이런 식으로도 22를 구할 수 있는데 이 과정을 참고하길 바란다.

마지막 번호다. 93회 22, 36의 모양을 보자. 2행·0열 간격이다. 이 모양과 같은 게 92회 3, 보17이다. 따라서 이 모양을 포함하고 있는 92회 3, 보17, 33의 타입을 앞에서 구해 둔 93회 22, 36으로 전개하면 93회 **6**, 22, 36의 타입으로 되게 할 수 있다. (6개)

93회 6과 관련해 92회 3, 보17, 35와 93회 6, 24, 38은 같은 타입이다.

번호 이동에 대해 알아보자.

89회 4, 26, 40을 왼쪽으로 2칸 옮기면 2, 24, 38로 되는데 여기서 2를 44로 대체하면 결국 93회 24, 38, 44로 나오게 된다.

89회 26, 28, 40을 왼쪽으로 4(상1우3)칸 보내면 93회 22, 24, 36으로 나온다.

92회 3, 보17, 36(45를 거치는 타입)을 하3좌2 칸으로 이동시켜 보면 93회 6, 22, 36으로 나타난다. 36을 자세히 보면, 이동해 나온 도착지 번호가 소스 회차의 당첨 번호인데, 이 번호가 93회 당첨 번호로 되었다.

98회 (36)

94회　　　　　95회　　　　　97회　　　　　**98회**

타입 선택과 결합

(94회 보6, 32, 40) = (98회 16, 24, 32)

(97회 보3, 6, 20) = (98회 6, 9, 23)

추가 설명

(94회 보6, 34, 41) = (98회 9, 16, 23)

(94회 32, 40, 41) = (98회 23, 24, 32)

(94회 5, 보6, 40) = (98회 16, 23, 24)

(95회 보14, 17, 31) = (98회 6, 9, 23)

(95회 8, 17, 31) = (98회 9, 23, 32)

(95회 8, 보14, 27) = (98회 9, 24, 32)

(95회 8, 27, 34) = (98회 9, 16, 32)

(95회 27, 34, 43) = (98회 16, 23, 32)

(95회 8, 17, 34) = (98회 6, 23, 32)

(97회 14, 15, 20) = (98회 23, 24, 32)

(97회 6, 7, 20) = (98회 9, 23, 24)

중복 타입

없음

저자의 눈

6개 당첨 번호를 보면, 끝수가 같은 것들이 자주 나타난다는 것이다. 이점을 이용해 보자.

목표 회차의 1전 회인 97회의 **6**을 그대로 선택한다. (1개)

이어서 97회 15를 우로 1칸 옮겨 **16**으로 만들어 놓는 것이다. (2개)
이렇게 미세조정을 거쳐 끝수가 같아졌다.

세 번째 번호다. 98회 6, 16의 모양을 보자. 1·3이다. 즉 1행·3열 간격이다. 이 모양과 같은 게 95회 27, 31이다. 따라서 이 모양을 포함하고 있는 95회 27, 31, 34의 타입을 앞에서 이미 구해 둔 98회 6, 16으로 전개하면 98회 6, **9**, 16의 타입으로 나오게 할 수 있다. (3개)

네 번째 번호다. 98회 9, 16의 모양을 보자. 1행·0열 간격이다. 이 모양과 같은 게 97회 7, 14다. 따라서 이 모양을 포함하고 있는 97회 7, 14, 20의 타입을 이미 찾아둔 98회 9, 16으로 전개하면 98회 9, 16, **24**의 타입으로 만들 수 있다. (4개)

다섯 번째 번호다. 98회 16, 24의 모양을 보자. 1행·1열 간격이다. 이 모양과 같은 게 97회 6, 14이다. 따라서 이 모양을 포함하고 있는 97회 6, 7, 14의 타입을 이미 찾아둔 98회 16, 24로 전개하면 98회 16, **23**, 24의 타입으로 나타나게 할 수 있다. (5개)

마지막 번호다. 98회 23, 24의 모양을 보자. 0행·1열 간격이다. 이 모양과 같은 게 94회, 97회에 있는데 94회 40, 41을 이용하고자 한다. 따라서 이 모양을 포함하고 있는 94회 32, 40, 41의 타입을 앞에서 찾아둔 98회 23, 24로 전개하면 98회 23, 24, **32**의 타입으로 되게 할 수 있다. (6개)

98회 32와 관련해 95회 8, 17, 34와 97회 보3, 15, 20과 98회 6, 23, 32는 모두 같은 타입이다.

참고로 아래의 내용을 살펴보자.
'최근에 출현했던 타입이 또 나타나는 경향이 있다'라고 언급해왔다. 95회 보14, 17, 31과 97회 보3, 6, 20은 같은 타입인데 98회 목표 회차에서 이 타입이 다시 나오리라고 예상하면서 어떻게 처리해야 할지 차분히 생각해보자.

95회로 가자, 보14, 17, 31의 타입이 첫 번째로 선택해 두었던 6을 포함하게 하려면 이 타입이 상1좌1 칸으로 보내져야만 한다는 것을 알 수 있을 것이다. 따라서 이렇게 이동시켜보면 98회 6, 9, 23으로 나온다.

| 98회 | 99회 | 100회 | **101회** |

타입 선택과 결합

(98회 6, 9, 24) = (101회 17, 32, 35)

(99회 1, 3, 10) = (101회 1, 3, 45)

추가 설명

(98회 9, 16, 보43) = (101회 3, 32, 45)

(99회 1, 3, 보11) = (101회 1, 3, 35)

(99회 1, 3, 29) = (101회 1, 3, 17)

(100회 7, 11, 42) = (101회 3, 35, 45)

중복 타입

17, 32, 35, 45

저자의 눈

독자들과 함께 로또를 공부해 오고 있다. 설명을 봐서 알 수 있듯이 어느 번호를 선택해야 하고 또 어떤 타입으로 만들어야 하는지가 핵심 사항임을 알 수 있다.

열심히 연구하면서 번호와 타입을 잘 예상하고 여기에다 운까지 따라와 준다면, 로또가 독자들에게 큰 행운의 선물을 안겨다 줄지도 모를 일이다.

2전 회인 99회 소스 회차에서 **1**과 **3**을 그대로 선택한다. (2개)

세 번째 번호다. 10을 선택해야 할지 말지 고민이 되지만 여기선 이 번호를 제외하는 것으로 하겠다. 단지 운이 없었다고 생각하자.

101회 1, 3의 모양을 보자. 0·2다. 즉 0행·2열 간격이다. 이 모양과 같은 게 99회 27, 29다. 따라서 이 모양을 포함하고 있는 99회 27, 29, 37의 타입을 앞에서 준비해 둔 101회 1, 3으로 전개하면 101회 1, 3, **35**의 타입으로 나타나게 할 수 있다. (3개)

네 번째 번호다. 다시 101회 1, 3의 모양을 보자. 0행·2열 간격이다. 이 모양과 같은 게 99회 1, 3이다. 따라서 이 모양을 포함하고 있는 99회 1, 3, 10의 타입을 이미 구해 두었던 101회 1, 3으로 전개하면 101회 1, 3, **45**의 타입으로 나오게 할 수 있다. (4개)
이렇게 번호를 만들어 놓고 보니 35, 45의 끝수가 같다.

다섯 번째 번호다. 저자가 일부러 약간 난도를 높이려고 한다. 101회 1, 35의 모양을 보자. 이른바 그림자 모양이다. 즉 한눈에 들어오질 않고 차분히 들여다봐야 한다는 것이다. 이 두 번호의 관계는 1·1이다. 즉 1행·1열 간격이다. 이 모양과 같은 게 99회 3, 보11이다. 따라서 이 모양을 포함하고 있는 그림자 타입인 99회 3, 보11, 29의 타입을 앞에서 미리 알아둔 101회 1, 35로 전개하면 101회 1, **17**, 35의 타입으로 만들 수 있겠다. (5개)

앞의 내용이 약간 어려워 보일지 모르겠지만, 다양한 시각으로 생각해보는 것이 독자들의 로또 실력향상에 도움이 되리라고 본다.

이 지점에서 독자들에게 연구과제(!)를 주겠다. 98회에서 어떤 세 번호를 이동시켜 앞에서 언급했던 101회 1, 17, 35로 나타나게 할 수 있다. 98회의 어떤 번호들일까.

마지막 번호다. 모양과 타입을 만들어가면서 번호를 구해왔는데 여기선 직관적으로 중복 타입을 만들어 봄으로써 번호를 찾아보고자 한다.

지금까지 찾아낸 101회의 5개 번호 가운데 17, 35, 45를 바라보자. 이 세 번호에 어느 번호를 묶어 중복 타입으로 나오게 할 수 있을까. 대칭이 되도록 하면 되는데 101회 **32**를 만들면 된다는 것이다. (6개)

101회 32와 관련해 98회 6, 9, 24와 101회 17, 32, 35는 같은 타입이다.

| 102회 | 103회 | 105회 | **106회** |

타입 선택과 결합

(105회 8, 10, 45) = (106회 10, 22, 24)

(105회 20, 보28, 41) = (106회 4, 12, 33)

추가 설명

(102회 24, 26, 35) = (106회 22, 24, 33)

(102회 24, 26, 40) = (106회 10, 12, 24)

(102회 22, 24, 40) = (106회 12, 22, 24)

(102회 17, 26, 40) = (106회 10, 24, 33)

(103회 5, 14, 27) = (106회 4, 24, 33)

(105회 8, 10, 41) = (106회 22, 24, 33)

(105회 8, 10, 보28) = (106회 4, 22, 24)

(102회 24, 26, 40, 보42) = (106회 10, 12, 22, 24)

중복 타입

10, 12, 22, 24

저자의 눈

특정 소스 회차의 2, 3개 번호가 그대로 목표 회차에서 다시 나타나는 경우가 있다고 언급해왔다. 102회 **22, 24**를 차분히 선택해 두자. (2개)

그럼 어떻게 이 두 번호를 고를 수 있었을까. 다음을 보자.

102회에서다. 당첨 번호로 22, 24가 나왔다.

103회에서다. 15의 아래 칸이 22이고 2개의 방향성 타입을 만들 수 있는 게 24다. 즉 24, 27, 30과 보10, 24, 45라는 방향성 타입을 확인할 수 있을 것이다.

105회에서다. 22, 24 두 번호가 각각 중복 타입을 만들 수 있다는 것이다. 또 직관적으로 105회 8, 10과 결합해 중복 타입으로 나오게 할 수 있는 2개 번호가 105회 22, 24인데 결국 이 두 번호가 106회 당첨 번호로 나왔다는 점이다.

세 번째 번호다. 106회 22, 24의 모양을 보자. 0·2다. 즉 0행·2열 간격이다. 이 모양과 같은 게 105회 8, 10이다. 따라서 이 모양을 포함하고 있는 105회 8, 10, 45의 타입을 앞에서 준비해 둔 106회 22, 24로 전개하면 106회 **10**, 22, 24의 타입으로 나타나게 할 수 있다. (3개)

네 번째 번호다. 106회 10, 24의 모양을 보자. 2행·0열 간격이다. 이 모양과 같은 게 102회 26, 40이다. 따라서 이 모양을 포함하고 있는 102회 17, 26, 40의 타입을 미리 구해 둔 106회 10, 24로 전개하면 106회 10, 24, **33**의 타입으로 만들 수 있다. (4개)

다섯 번째 번호다. 106회 10, 22의 모양을 보자. 2행·2열 간격이다. 이 모양과 같은 게 105회 8, 20이다. 따라서 이 모양을 포함하고 있는 105회 8, 10, 20의 타입을 이미 알아둔

106회 10, 22로 전개하면 106회 10, **12**, 22의 타입으로 나오게 할 수 있다는 것이다. (5개)

마지막 번호다. 106회 24, 33의 모양을 보자. 1·2다. 즉 1행·2열 간격이다. 이 모양과 같은 게 103회 5, 14다. 따라서 이 모양을 포함하고 있는 103회 5, 14, 27의 타입을 앞에서 찾아둔 106회 24, 33으로 전개하면 106회 **4**, 24, 33의 타입으로 되게 할 수 있다. (6개)

번호 이동에 대해 알아보자.

105회에서 8과 10이 눈에 들어온다. 이 번호들을 아래로 2칸 내리면 102회의 22, 24와 만난다는 점이다. 결국, 이 두 번호가 106회 당첨 번호로 나타났다는 것이다. '나왔던 번호가 또 나오는 특성'을 이용해 102회 22, 24가 106회에서 또 나오도록 105회 8, 10을 아래로 2칸 내렸다는 것이다. 이런 점을 깊이 염두에 두길 바란다.

105회에서 번호들을 2칸 아래로 내려 106회 번호로 나오는 과정을 들여다보자.
5개 번호를 이동시키려고 한다. 105회 8, 10, 20, 41, 45를 아래로 2칸 내리면 6, 10, 22, 24, 34로 나온다. 이때 미차 운동으로 6이 4로 34가 33으로 각각 나타났다. (5개)

마지막으로 RO 법칙을 이용해 105회 10으로부터 두 칸 떨어져 있는 12를 만들 수 있다. (6개)

| 103회 | 104회 | 105회 | 107회 |

타입 선택과 결합

(103회 5, 14, 27) = (107회 4, 9, 31)

(104회 32, 33, 42) = (107회 1, 5, 6)

추가 설명

(104회 17, 32, 34) = (107회 4, 6, 31)

(104회 33, 42, 44) = (107회 4, 6, 9)

(104회 32, 33, 34) = (107회 4, 5, 6)

(105회 8, 20, 보28) = (107회 1, 9, 31)

중복 타입

1, 4, 6, 9

1, 4, 9, 31 (45를 거쳐야 함)

저자의 눈

영화관에서 좌석에 앉아 앞에 놓여있는 스크린을 바라보는 식으로 도표를 전체적으로 바라보자. 각 소스 회차의 번호들이 동시에 눈에 들어오도록 말이다.

목표 회차의 번호들을 구하기 위해 먼저 '주춧돌 번호'를 만들어보자.

103회 **5**를 그대로 선택한다. (1개)

103회 30이나 104회 32를 옆으로 1칸 옮겨 **31**로 만들어 둔다. (2개)

참고로 5는 103회 당첨 번호이면서 104회, 105회에서 중복 타입을 만든다. 또 31은 103회, 104회, 105회에서 중복 타입과 방향성 타입으로 나오게 한다.

세 번째 번호다. 107회 5, 31을 준비했다. 이제 두 번호의 모양을 보자. 2·2다. 즉 2행·2열 간격이다. 이 모양과 같은 게 104회 17, 33이다. 따라서 이 모양을 포함하고 있는 104회 17, 32, 33의 타입을 앞에서 이미 찾아둔 107회 5, 31로 전개하면 107회 **4**, 5, 31의 타입으로 나오게 할 수 있다. (3개)

네 번째 번호다. 107회 4, 31의 모양을 보자. 2행·1열 간격이다. 이 모양과 같은 게 103회 14, 27이다. 따라서 이 모양을 포함하고 있는 103회 5, 14, 27의 타입을 이미 알아둔 107회 4, 31로 전개하면 107회 4, **9**, 31의 타입으로 나타나게 할 수 있다. (4개)

다섯 번째 번호다. 107회 9, 31의 모양을 보자. 3행·1열 간격이다. 이 모양과 같은 게 105회 8, 보28이다. 따라서 이 모양을 포함하고 있는 105회 8, 보28, 34의 타입을 앞에서 구해 둔 107회 9, 31로 전개하면 107회 **1**, 9, 31의 타입으로 만들 수 있다. (5개)

마지막 번호다. 107회 4, 5의 모양을 보자. 0·1이다. 즉 0행·1열 간격이다. 이 모양과 같은 게 104회 32, 33이다. 따라서 이 모양을 포함하고 있는 104회 32, 33, 34의 타입을 이미

찾아둔 107회 4, 5로 전개하면 107회 4, 5, **6**의 타입으로 되게 할 수 있다. (6개)

자세히 보면 104회 17, 32, 33, 34와 107회 4, 5, 6, 31은 네 번호로 이뤄진 같은 타입이라는 것을 알 수 있을 것이다. 다음의 번호 이동을 보면 이해가 될 것이다. 결국, 104회에서 번호가 그룹을 지어 이동했으므로 107회에서는 같은 타입으로 나올 수밖에 없다는 의미다.

번호 이동에 대해 알아보자.

104회 17, 32, 33, 34, 44 다섯 개 번호를 2칸 내려보면 107회 4, 5, 6, 9, 31로 나온다. (5개)
이때 주의할 점은 앞의 32, 33, 34가 가상 번호를 거치지 않는다는 것이다.

105회 8, 20, 보28을 상3우2(하3우2) 칸으로 이동시켜 보면 107회 1, 9, 31로 나타난다.

참고로, 103회에서 미세조정을 통해 5, 9, 31이라는 세 번호를 만들어 두자. 이렇게 하면 104회 번호들이 이동해 앞의 미세조정된 번호들과 만날 수 있다는 것이다.

104회   105회   106회   107회   **108회**

타입 선택과 결합

(104회 17, 32, 44) = (108회 7, 29, 44)

(107회 4, 5, 9) = (108회 18, 22, 23)

추가 설명

(104회 17, 32, 33) = (108회 7, 22, 23)

(104회 34, 보35, 44) = (108회 18, 22, 23)

(104회 34, 보35, 42) = (108회 22, 23, 29)

(105회 8, 20, 41) = (108회 18, 23, 44)

(105회 34, 41, 45) = (108회 18, 22, 29)

(105회 20, 보28, 41) = (108회 23, 29, 44)

(106회 4, 12, 24) = (108회 7, 23, 29)

(106회 22, 보29, 33) = (108회 18, 22, 29)

(106회 12, 24, 33) = (108회 18, 23, 44)

(107회 1, 6, 보17) = (108회 7, 18, 44)

(107회 4, 5, 보17) = (108회 7, 22, 23)

(107회 4, 9, 31) = (108회 7, 22, 44)

중복 타입

7, 22, 29, 44

7, 18, 23, 44

저자의 눈

106회를 보면 **22**, **보29**가 보인다. 두 번호가 108회에서 다시 나올 것으로 생각하자. (2개)

세 번째 번호다. 앞에서 이른바 주춧돌 번호로 108회 22, 29를 준비해 두었다. 두 번호의 모양을 보자. 1·0이다. 즉 1행·0열 간격이다. 이 모양과 같은 게 104회 보35, 42다. 따라서 이 모양을 포함하고 있는 104회 34, 보35, 42의 타입을 앞에서 준비해 둔 108회 22, 29로 전개하면 108회 22, **23**, 29의 타입으로 만들 수 있다. (3개)

네 번째 번호다. 108회 22, 23의 모양을 보자. 0행·1열 간격이다. 이 모양과 같은 게 107회 4, 5다. 따라서 이 모양을 포함하고 있는 107회 4, 5, 9의 타입을 이미 구해 둔 108회 22, 23으로 전개하면 108회 **18**, 22, 23의 타입으로 나타나게 할 수 있다. (4개)

다섯 번째 번호다. 108회 18, 23의 모양을 보자. 1행·2열 간격이다. 이 모양과 같은 게 106회 24, 33이다. 따라서 이 모양을 포함하고 있는 106회 12, 24, 33이라는 그림자 타입을 미리 알아둔 108회 18, 23으로 전개하면 108회 18, 23, **44**의 타입으로 되게 할 수 있다. (5개)

참고로 108회 44를 2로 대체해보면 106회 12, 24, 33과 108회 2(당번이 아님), 18, 23은 같은 삼각형 모양임을 알 수 있을 것이다. 이런 식으로 108회 44를 임의로 2로 대체해서 같은 삼각형으로 만들어 볼 수도 있다.

마지막 번호다. 108회 29, 44의 모양을 보자. 2행·1열 간격이다. 이 모양과 같은 게 104회 17, 32다. 따라서 이 모양을 포함하고 있는 104회 17, 32, 44의 타입을 앞에서 찾아둔 108회 29, 44로 전개하면 108회 **7**, 29, 44라는 그림자 타입으로 나오게 할 수 있다는 것이다. (6개)

108회 7을 구하는 간단한(!) 방법이 있다. 바로 중복 타입을 이용하는 것이다. 108회에서 7, 22, 29와 22, 29, 44는 같은 타입인데, 네 번호로 이뤄진 108회 7, 22, 29, 44라는 중복 타입을 만들 수 있다는 것이다. 이렇게 함으로써 108회 7을 찾을 수도 있다.

108회 7과 관련해 107회 4, 5, 보17과 108회 7, 22, 23은 같은 타입이다.

| 106회 | 107회 | 108회 | 109회 | **110회** |

타입 선택과 결합

(106회 10, 12, 33) = (110회 20, 22, 43)

(108회 7, 23, 29) = (110회 7, 23, 29)

추가 설명

(106회 4, 24, 33) = (110회 7, 20, 29)

(106회 22, 24, 보29) = (110회 20, 22, 29)

(106회 4, 12, 24) = (110회 7, 23, 29)

(107회 9, 보17, 31) = (110회 23, 29, 43)

(107회 1, 9, 31) = (110회 7, 23, 29)

(107회 1, 4, 보17) = (110회 7, 20, 23)

(107회 4, 5, 보17) = (110회 7, 22, 23)

(107회 4, 보17, 31) = (110회 7, 29, 43)

(108회 22, 23, 29) = (110회 22, 23, 29)

(108회 7, 22, 29) = (110회 7, 22, 29)

(108회 7, 22, 44) = (110회 7, 23, 43)

(108회 22, 23, 44) = (110회 22, 23, 43)

(108회 7, 29, 44) = (110회 7, 20, 29)

108회에서 44를 2로 대체

(109회 1, 36, 42) = (110회 22, 23, 29)

(109회 1, 34, 36) = (110회 20, 22, 29)

중복 타입

7, 23, 29, 43 (43을 1로 대체)

저자의 눈

저자가 강조해 온 두 가지 내용이 있다. 하나는 '최근에 나타난 번호 가운데 2, 3개 정도를 선택해보는 것'과 다른 하나는 '최근에 출현한 타입이 또 나올 것으로 예상하는 것'이다. 이런 점들을 염두에 두길 바란다.

108회 **7**과 **23**을 그대로 선택한다. (2개)

여기서 7, 23을 선택한 과정을 한번 살펴보자.

7은 106회, 107회에서 중복 타입을 이루게 하면서 108회 당첨 번호다. 또 109회 42의 아래 칸이기도 하다.

23은 106회에서 22, 24 사이의 칸이면서 방향성 타입이 되게 한다. 또 106회, 107회에서 중복 타입을 만들고 108회 당첨 번호다.

세 번째 번호다. 110회 7, 23의 모양을 보자. 2·2다. 즉 2행·2열 간격이다. 이 모양과 같은 게 107회 1, 보17이다. 따라서 이 모양을 포함하고 있는 107회 1, 4, 보17의 타입을 앞에서 구해 둔 110회 7, 23으로 전개하면 110회 7, **20**, 23의 타입으로 나타나게 할 수 있다.

네 번째 번호다. 110회 20, 23의 모양을 보자. 0행·3열 간격이다. 이 모양과 같은 게 107회 1, 4다. 따라서 이 모양을 포함하고 있는 107회 1, 4, 9의 타입을 이미 알아둔 110회 20, 23으로 전개하면 110회 20, 23, **29**의 타입으로 만들 수 있다. (4개)

다섯 번째 번호다. 110회 23, 29의 모양을 보자. 1행·1열 간격이다. 이 모양과 같은 게 108회 23, 29다. 따라서 이 모양을 포함하고 있는 108회 22, 23, 29의 타입을 이미 준비해 둔 110회 23, 29로 전개하면 110회 **22**, 23, 29의 타입으로 되게 할 수 있다. (5개)

보면 108회 7, 22, 23, 29 네 번호가 110회에서 번호 그대로 또 나타났다는 점이다. 이렇게 나올 수도 있음을 참고하길 바란다.

마지막 번호다. 110회 23, 29의 모양을 다시 보자. 1행·1열 간격이다. 이 모양과 같은 게 107회 9, 보17이다. 따라서 이 모양을 포함하고 있는 107회 9, 보17, 31의 타입을 이미 찾아둔 110회 23, 29로 전개하면 110회 23, 29, **43**의 타입으로 나오게 할 수 있다. (6개)

110회 43과 관련해 107회 4, 보17, 31과 110회 7, 29, 43은 같은 타입이다.

|108회|110회|**111회**|

타입 선택과 결합

(108회 7, 보12, 22) = (111회 7, 36, 40)

(110회 7, 20, 22) = (111회 18, 31, 33)

추가 설명

(108회 7, 22, 29) = (111회 18, 33, 40)

(108회 7, 보12, 44) = (111회 7, 31, 40)

(108회 18, 29, 44) = (111회 7, 18, 33)

(110회 20, 22, 29) = (111회 31, 33, 40)

(110회 7, 20, 29) = (111회 18, 31, 40)

중복 타입

7, 18, 31, 36

저자의 눈

로또 1등 당첨 확률은 매우 낮다. 독자들도 잘 알고 있는 사실이다.

이런 로또에서, 독자들이 번호를 선택한 후엔 '과연 당첨될까'라는 생각을 하면서 복권을 구매할 것이다. 그만큼 당첨이 어려운 것이다. 이 정도로 당첨 번호를 예상하는 게 어려운데, 공부하는 마음으로 저자와 함께 111회 당첨 번호에 대해 알아보자.

이번 목표 회차에서는 지금까지의 설명방식과는 다르게 다음과 같이 기술하려고 한다.

108회 **7, 18**을 차분히 그대로 선택하자. (2개)

독자들도 알고 있는 내용인데, 소스 회차의 번호를 이동시켜봤는데 도착지 번호가 해당 소스 회차의 당첨 번호라는 것이다. 따라서 이 내용처럼 지금부턴 앞의 두 번호 쪽으로 108회의 타입을 전개해보자.

세 번째 번호다. 108회를 들여다보자. 바로 108회 18, 29, 44라는 타입이다. 이 타입의 첫 번째 번호인 18을 7로 나오게 하는 식으로, 앞의 세 번호인 108회 18, 29, 44를 상2우3 칸으로 보내면 111회 7, 18, **33**으로 나오게 된다. (3개)

보면 108회 7, 18이 111회에서 또 나오는 식으로 되었다. 이런 식으로 번호 흐름이 이뤄진다는 것이다.

또 앞에서 이동됐던 108회 29, 44를 본 뒤 110회 7, 22를 보면 같은 모양임을 알 수 있는데, 양쪽 각 회차의 두 번호가 111회 18, 33으로 나타났음을 알 수 있을 것이다.

네, 다섯 번째 번호다. 이제 110회로 넘어가 보자. 110회 7, 20, 22, 29를 하2좌3 칸으로 보내면 111회 18, 31, 33, 40으로 나타난다. 여기서 18과 33은 앞에서 이미 구해 두었던 번

호이므로 같이 나온 **31**과 **40**을 당첨 번호로 생각해볼 수 있다는 점이다. (5개)

108회와 110회에서 구한 번호들을 중복 없이 모아보면 111회 7, 18, 31, 33, 40이라는 5개 번호로 된다.

마지막 번호는 직관적인 방식으로 구해보자.
108회에서 방향성 타입과 중복 타입으로 되게 할 수 있는 번호가 36이다.
110회에서도 역시 방타와 중타를 만들 수 있으며 29와 43 사이의 칸이 36이다.

36을 찾을 수 있는 또 다른 방법이 있다.
앞에서 이미 구한 111회 7, 18, 31을 생각하자. 용지에 표시해보길 바란다. 여기에서 중복 타입이 자주 나타나는 특성을 이용해 앞의 세 번호와 결합해 중복 타입으로 되게 할 수 있는 번호가 36이라는 점이다.

이렇게 해서 111회 **36**을 찾을 수 있게 되었다. (6개)

112회 (43)

| 109회 | 110회 | 111회 | **112회** |

타입 선택과 결합

(109회 1, 보33, 34) = (112회 30, 41, 42)

109회에서 가상 번호를 이용

(111회 33, 36, 40) = (112회 26, 29, 33)

추가 설명

(109회 보33, 36, 44) = (112회 30, 33, 41)

(109회 보33, 34, 42) = (112회 33, 41, 42)

(110회 7, 20, 23) = (112회 26, 29, 41)

                = (112회 26, 29, 42)

(110회 7, 22, 23) = (112회 26, 41, 42)

                = (112회 29, 41, 42)

                = (112회 29, 30, 42)

(111회 7, 33, 40) = (112회 26, 33, 42)

(111회 보27, 33, 40) = (112회 26, 33, 41)

(111회 7, 36, 40) = (112회 29, 33, 42)

(111회 33, 36, 40) = (112회 26, 30, 33)

중복 타입

26, 29, 30, 33

26, 29, 41, 42

저자의 눈

110회 **29**와 111회 **33** 두 번호를 그대로 선택하자. (2개)

세 번째 번호다. 112회 29, 33의 모양을 보자. 1·3이다. 즉 1행·3열 간격이다. 이 모양과 같은 게 111회 36, 40이다. 따라서 이 모양을 포함하고 있는 111회 33, 36, 40의 타입을 앞에서 준비해 둔 112회 29, 33으로 전개하면 112회 **26**, 29, 33의 타입으로 만들 수 있다. (3개)

보면 111회 33, 36, 40의 타입이 위로 1칸 이동해 112회에서 나타났다는 점이다.

네 번째 번호다. 112회 26, 33의 모양을 보자. 1행·0열 간격이다. 이 모양과 같은 게 111회 33, 40이다. 따라서 이 모양을 포함하고 있는 111회 보27, 33, 40의 타입을 이미 알아둔 112회 26, 33으로 전개하면 112회 26, 33, **41**의 타입으로 되게 할 수 있다. (4개)

다섯 번째 번호다. 112회 26, 33의 모양을 다시 보자. 1행·0열 간격이다. 이 모양과 같은 게 111회 33, 40이다. 따라서 이 모양을 포함하고 있는 111회 7, 33, 40의 타입을 앞에서 구해 둔 112회 26, 33으로 전개하면 112회 26, 33, **42**의 타입으로 나타나게 할 수 있다. (5개)

마지막 번호다. 여기선 중복 타입을 이용해 번호를 구하자. 112회에서 26, 29, 33과 26, 30, 33은 같은 타입인데 이 번호들로부터 112회 26, 29, 30, 33이라는 중복 타입을 만들 수 있다. 이렇게 해서 112회 **30**을 찾을 수 있게 되었다. (6개)

번호 이동에 대해 알아보자.

109회 1, 34, 42를 왼쪽으로 1칸 옮기면 112회 33, 41, 42로 나타난다. 여기서 언급하고 자 하는 게 있다. 앞에서 이동해 나타난 도착지 번호를 보면 109회 보33, 42인데 이 번호 들이 결국엔 112회 당첨 번호로 되었다는 것이다.

110회 7, 22, 23을 하3좌2 칸으로 보내면 112회 26, 41, 42로 나온다.

111회 7, 33, 36, 40을 위로 1칸 올리면 112회 26, 29, 33, 42로 된다.

111회 보27, 31, 40을 오른쪽으로 2칸 움직여보면 112회 29, 33, 42로 나오는 데, 여기서 도 111회 31이 111회 33으로 즉 소스 회차의 당첨 번호 쪽으로 이동했음을 알 수 있다.

113회 (44)

111회	112회	**113회**

타입 선택과 결합

(111회 18, 보27, 33) = (113회 4, 9, 45)

(111회 보27, 33, 36) = (113회 28, 33, 36)

추가 설명

(111회 18, 보27, 40) = (113회 9, 36, 45)

(111회 18, 31, 36) = (113회 4, 9, 33)

(111회 18, 31, 36) = (113회 4, 28, 33)

(111회 7, 31, 40) = (113회 28, 33, 45)

111회에서 가상 번호 47을 이용

(112회 30, 33, 42) = (113회 33, 36, 45)

중복 타입

4, 9, 28, 33

저자의 눈

독자들도 잘 알다시피 수학 문제를 푸는 과정에서 특정한 방법으로 답을 구해야 하는 건 아니다. 누구나 인정하는 확실한 논리를 근거로 해서 계산 등을 해나가면 되는 것이다. 즉, 답을 구하기 위한 여러 다양한 방법이 있다는 점이다.

여기서도 저자의 머릿속에서 떠오르는 과정들 가운데 어느 한 방법을 택해 기술하고자 한다. 차분하게 목표 회차인 113회 번호를 구해보자.

'최근에 나온 번호가 또 나오는 특성'을 이용해 111회와 112회의 **33**, 111회 **36**을 그대로 선택하자. (2개)

세 번째 번호다. 113회 33, 36의 모양을 보자. 0행·3열 간격이다. 이 모양과 같은 것들 가운데 111회 33, 36을 이용하고자 한다. 따라서 이 모양을 포함하고 있는 111회 보27, 33, 36의 타입을 이미 구해 둔 113회 33, 36으로 전개하면 113회 **28**, 33, 36으로 나타나게 할 수 있다. (3개)

네 번째 번호다. 113회 28, 33의 모양을 보자. 1행·2열 간격이다. 이 모양과 같은 게 111회 31, 36이다. 따라서 이 모양을 포함하고 있는 111회 18, 31, 36의 타입을 앞에서 찾아둔 113회 28, 33으로 전개하면 113회 **4**, 28, 33의 타입으로 나오게 할 수 있다. (4개)

다섯 번째 번호다. 113회 33, 36의 모양을 보자. 0행·3열 간격이다. 이 모양과 같은 게 112회 30, 33이다. 따라서 이 모양을 포함하고 있는 112회 30, 33, 42의 타입을 이미 알아둔 113회 33, 36으로 전개하면 113회 33, 36, **45**의 타입으로 만들 수 있다. (5개)

보면 112회 타입이 오른쪽으로 세 칸 이동해 113회로 나온 것임을 알 수 있다.

마지막 번호다. 113회 36, 45의 모양을 보자. 1행·2열 간격이다. 이 모양과 같은 게 111회 18, 보27이다. 따라서 이 모양을 포함하고 있는 111회 18, 보27, 40의 타입을 이미 알아둔 113회 36, 45로 전개하면 113회 **9**, 36, 45의 타입으로 되게 할 수 있다. (6개)

9와 관련해 113회 4, 9, 33과 113회 4, 28, 33은 같은 타입으로서 네 번호로 이뤄진 113회 4, 9, 28, 33이라는 중복 타입을 만들 수 있다는 것이다. 따라서 앞에서처럼 모양과 타입을 비교하면서 번호를 구하지 않고, 여기서처럼 직관적으로 바로 중복 타입의 특성을 이용해 113회 9를 찾을 수도 있다는 점이다.

113회 28, 33, 45의 타입에 대해 알아보자. 111회와 112회에서 이 타입이 보이질 않는다. 참고로 목표 회차에 있는 타입들이 소스 회차에 항상 나와 있는 것은 아니라는 것이다. 살아 움직이는 로또 체계에서 모든 현상이 100% 완벽하게 이뤄지지는 않는다는 점이다. 그러면 목표 회차의 타입이 소스 회차에서 이렇게 보이질 않을 경우, 어떻게 생각해야 할까.

111회 7, 31, 40이라는 번호로 타입을 만들면 되는 데 가상 번호 47을 거치게 타입을 구성해야 한다는 점이다. 이렇게 사고의 유연성이 필요하다 하겠다.

| 111회 | 112회 | 113회 | **114회** |

타입 선택과 결합

(111회 18, 31, 33) = (114회 26, 28, 41)

(113회 28, 33, 36) = (114회 11, 14, 19)

추가 설명

(111회 31, 33, 40) = (114회 19, 26, 28)

(111회 7, 33, 40) = (114회 14, 19, 26)

(111회 18, 33, 40) = (114회 19, 26, 41)

(111회 18, 보27, 40) = (114회 19, 28, 41)

(111회 보27, 33, 40) = (114회 11, 19, 26)

(111회 보27, 33, 36) = (114회 11, 14, 19)

(112회 29, 41, 보43) = (114회 14, 26, 28)

(112회 26, 33, 41) = (114회 11, 19, 26)

(112회 26, 29, 41) = (114회 11, 14, 26)

(113회 보26, 28, 33) = (114회 19, 26, 28)

(113회 9, 36, 45) = (114회 19, 28, 41)

(113회 4, 보26, 33) = (114회 19, 26, 41)

(113회 4, 36, 45) = (114회 11, 19, 28)

중복 타입

11, 14, 26, 41

저자의 눈

114회 목표 회차에서는 112회 26, 41이나 113회 보26, 28을 주춧돌 번호로 생각하고 작업하면 되겠다. 물론 세 번호를 모두 준비하는 것으로 해도 되겠지만 독자들에게 설명해야 하는 상황에서 일부러 두 번호로 시작하고자 한다.

112회에서 **26**과 **41**을 그대로 선택한다. (2개)

세 번째 번호다. 114회 26, 41의 모양을 보자. 2행·1열 간격이다. 이 모양과 같은 게 111회 18, 31이다. 따라서 이 모양을 포함하고 있는 111회 18, 31, 33의 타입을 이미 알아둔 114회 26, 41로 전개하면 114회 26, **28**, 41의 타입으로 되게 할 수 있다. (3개)

네 번째 번호다. 114회 26, 28의 모양을 보자. 0행·2열 간격이다. 이 모양과 같은 게 113회 보26, 28이다. 따라서 이 모양을 포함하고 있는 113회 보26, 28, 33의 타입을 앞에서 찾아둔 114회 26, 28로 전개하면 114회 **19**, 26, 28의 타입으로 나타나게 할 수 있다. (4개)

다섯 번째 번호다. 114회 19, 26의 모양을 보자. 1행·0열 간격이다. 이 모양과 같은 게

112회 26, 33이다. 따라서 이 모양을 포함하고 있는 112회 26, 33, 41의 타입을 이미 구해 둔 114회 19, 26으로 전개하면 114회 **11**, 19, 26의 타입으로 만들 수 있다. (5개)

마지막 번호다. 114회 11, 19의 모양을 보자. 1행·1열 간격이다. 이 모양과 같은 게 113회 28, 36이다. 따라서 이 모양을 포함하고 있는 113회 28, 33, 36의 타입을 앞에서 준비해 둔 114회 11, 19로 전개하면 114회 11, **14**, 19의 타입으로 나오게 할 수 있다. (6개)

참고로 독자들을 위해 114회 타입들을 다음과 같이 정리했다. 오른쪽의 위아래가 각각 한 쌍으로서 완전 결합 형태인 두 개의 타입으로 이뤄져 있다. 114회 당첨 번호다.

(111회 7, 18, 33) = (114회 11, 28, 41)

(112회 26, 33, 42) = (114회 14, 19, 26)

(111회 18, 보27, 40) = (114회 19, 28, 41)

(112회 26, 29, 41) = (114회 11, 14, 26)

(112회 29, 41, 보43) = (114회 14, 26, 28)

(113회 4, 보26, 45) = (11, 19, 41)

(112회 26, 29, 41) = (114회 11, 14, 41)

(113회 보26, 28, 33) = (114회 19, 26, 28)

(112회 26, 29, 보43) = (114회 11, 14, 28)

(113회 4, 보26, 33) = (114회 19, 26, 41)

115회 (46)

| 112회 | 113회 | 114회 | **115회** |

타입 선택과 결합

(113회 보26, 33, 45) = (115회 2, 9, 25)

(114회 14, 19, 41) = (115회 1, 6, 28)

추가 설명

(112회 30, 33, 보43) = (115회 1, 25, 28)

(112회 26, 29, 33) = (115회 2, 6, 9)

(112회 26, 41, 42) = (115회 1, 2, 28)

(112회 29, 30, 42) = (115회 1, 2, 28)

(112회 29, 41, 42) = (115회 1, 2, 28)

(112회 26, 30, 33) = (115회 2, 6, 9)

(113회 보26, 33, 36) = (115회 2, 6, 9)

(113회 9, 33, 36) = (115회 1, 25, 28)

(113회 33, 36, 45) = (115회 2, 25, 28)

(113회 28, 33, 36) = (115회 1, 6, 9)

(114회 11, 14, 19) = (115회 1, 6, 9)

(114회 보2, 11, 14) = (115회 2, 25, 28)

(114회 11, 14, 41) = (115회 6, 25, 28) 114회에서 가48 이용

중복 타입

2, 9, 25, 28

6, 9, 25, 28

저자의 눈

114회 26을 좌로 1칸 옮겨 **25**로 만들어 둔다. (1개)

이어서 114회 **28**을 그대로 선택한다. (2개)

이렇게 미세조정해 2개 번호를 준비해 두었다.

세 번째 번호다. 준비해 둔 115회 25, 28의 모양을 보자. 0행·3열 간격이다. 이 모양과 같은 게 113회 33, 36이다. 따라서 이 모양을 포함하고 있는 113회 4, 33, 36의 타입을 이미 찾아둔 115회 25, 28로 전개하면 115회 **1**, 25, 28의 타입으로 나오게 할 수 있다. (3개)

네 번째 번호다. 115회 1, 28의 모양을 보자. 2·1이다. 즉 2행·1열 간격이다. 이 모양과 같은 게 112회 26, 41이다. 따라서 이 모양을 포함하고 있는 112회 26, 41, 42의 타입을 미리 구해 둔 115회 1, 28로 전개하면 115회 1, **2**, 28의 타입으로 나타나게 할 수 있다. (4개)

다섯 번째 번호다. 115회 2, 25의 모양을 보자. 3행·2열 간격이다. 이 모양과 같은 게 113

회 보26, 45다. 따라서 이 모양을 포함하고 있는 113회 보26, 33, 45의 타입을 앞에서 알아둔 115회 2, 25로 전개하면 115회 2, **9**, 25의 타입으로 만들 수 있다. (5개)

마지막 번호다. 115회 2, 9의 모양을 보자. 1행·0열 간격이다. 이 모양과 같은 게 112회 26, 33이다. 따라서 이 모양을 포함하고 있는 112회 26, 30, 33의 타입을 이미 찾아놓은 115회 2, 9로 전개하면 115회 2, **6**, 9의 타입으로 되게 할 수 있다. (6개)

112회에서의 번호 이동에 대해 알아보자.

112회 26, 30, 33을 상3좌3 칸으로 이동시켜 보면 115회 2, 6, 9로 나온다. 바로 일반 이동의 법칙이다. (3개)
이때 인력으로 2에 1이 붙어 나타났다. (4개)

번호 이동 시에 RO 법칙이 일어날 수 있는데 이를 이용해 112회 26으로부터 2칸 떨어진 28을 구할 수 있다는 것이다. (5개)
또는 112회 29를 좌로 1칸 옮겨 28로 만들 수도 있겠다.

마지막으로 타방 법칙을 이용해 112회 보43을 상3우3 칸으로 보내면 115회 25로 나오게 할 수 있다. (6개)
또는 112회 26을 차분히 좌로 1칸 옮겨 25로 만들면 된다.

| 113회 | 114회 | 115회 | **116회** |

타입 선택과 결합

(113회 28, 33, 36) = (116회 25, 31, 34)

(114회 19, 26, 28) = (116회 2, 4, 37)

추가 설명

(113회 4, 9, 45) = (116회 4, 31, 37)

(113회 보26, 36, 45) = (116회 2, 25, 34)

(113회 보26, 33, 45) = (116회 2, 25, 37)

(113회 보26, 28, 33) = (116회 2, 4, 37)

(113회 33, 36, 45) = (116회 25, 34, 37)

(114회 11, 14, 19) = (116회 25, 31, 34)

(114회 11, 19, 26) = (116회 2, 31, 37)

(114회 26, 28, 41) = (116회 2, 4, 31)

(114회 11, 14, 26) = (116회 4, 31, 34)

(115회 25, 28, 보31) = (116회 31, 34, 37)

(115회 2, 25, 보31) = (116회 2, 25, 31)

(115회 2, 9, 25) = (116회 2, 25, 37)

(115회 1, 9, 28) = (116회 2, 25, 31)

(115회 1, 6, 9) = (116회 25, 31, 34)

(115회 1, 25, 28) = (116회 2, 31, 34)

(115회 9, 25, 28) = (116회 25, 34, 37)

중복 타입

4, 25, 34, 37

저자의 눈

최근에 나타난 번호 2, 3개 정도를 선택해보라고 했다. 115회 **2, 25**를 차분히 그대로 선택하자. (2개)

세 번째 번호다. 116회 2, 25의 모양을 보자. 3행·2열 간격이다. 이 모양과 같은 게 115회 2, 25다. 따라서 이 모양을 포함하고 있는 115회 2, 9, 25의 타입을 앞에서 준비해 둔 116회 2, 25로 전개하면 116회 2, 25, **37**의 타입으로 만들 수 있다. (3개)

네 번째 번호다. 116회 2, 37의 모양을 보자. 1·0이다. 즉 1행·0열 간격이다. 이 모양과 같은 게 114회 19, 26이다. 따라서 이 모양을 포함하고 있는 114회 11, 19, 26의 타입을 이미 구해 둔 116회 2, 37로 전개하면 116회 2, **31**, 37의 타입으로 나오게 할 수 있다. (4개)

다섯 번째 번호다. 116회 2, 37의 모양을 다시 보자. 1행·0열 간격이다. 이 모양과 같은 게 114회 19, 26이다. 따라서 이 모양을 포함하고 있는 114회 19, 26, 28의 타입을 미리 알아둔 116회 2, 37로 전개하면 116회 2, **4**, 37의 타입으로 나타나게 할 수 있다. (5개)

보면 114회 19, 26, 28을 상3좌3 칸으로 보내면 116회 2, 4, 37로 나오게 할 수 있다.

마지막 번호다. 116회 31, 37의 모양을 보자. 1행·1열 간격이다. 이 모양과 같은 게 115회 25, 보31이다. 따라서 이 모양을 포함하고 있는 115회 25, 28, 보31의 타입을 앞에서 준비해 둔 116회 31, 37로 전개하면 116회 31, **34**, 37의 타입으로 되게 할 수 있다. (6개)

추억의 이야기

༄ ∾

초등학교 4학년쯤부터 저자는 취미활동(!)을 하나 가지고 있었다. 다름이 아닌 만화책을 보는 것이었다. 특히 어머니는 만화 가게에 가지 말라고 잔소리(!) 하셨는데 어린 학생이 그 말을 열심히 따르는 것은 어려웠을 것이라고 본다.

그분이 생계유지를 위해 집을 떠나신 후, 저자는 '오늘은 무슨 책을 볼까'라는 기분 좋은 상상을 하면서 만화 가게로 가곤 했었다. 가게 문을 열고 안으로 들어가면 만화 가게 특유의 냄새가 났었는데 싫진 않았다.

어렴풋한 기억으론, 가게 주인에게 10원을 내고 5, 6권 정도 읽어 봤던 것 같다. 저자의 머릿속에 남아있는 내용으론 '미군과 독일군 사이의 전투'와 '이마에 동그란 무늬가 있는 남자아이의 인간미 넘치는 생활' 등이다.

117회 (48)

113회	114회	116회	**117회**

타입 선택과 결합

(114회 보2, 11, 26) = (117회 5, 10, 34)

(116회 보17, 31, 37) = (117회 22, 36, 44)

추가 설명

(113회 4, 9, 33) = (117회 5, 10, 34)

(113회 4, 9, 36) = (117회 5, 10, 44)

(113회 28, 33, 45) = (117회 5, 10, 22)

(114회 14, 26, 28) = (117회 22, 34, 36)

(114회 보2, 14, 28) = (117회 10, 22, 36)

(114회 11, 14, 19) = (117회 5, 10, 44)

117회에서 44를 2로 대체하면 됨

(116회 2, 31, 37) = (117회 22, 36, 44)

(116회 2, 보17, 25) = (117회 10, 36, 44)

중복 타입

없음

저자의 눈

113회 33, 36과 116회 34, 37을 보자. 양 회차에서 미세조정을 통해 **34**와 **36**을 뽑아낼 수 있다는 것이다. (2개)

세 번째 번호다. 117회 34, 36의 모양을 보자. 0행·2열 간격이다. 이 모양과 같은 게 114회 26, 28이다. 따라서 이 모양을 포함하고 있는 114회 14, 26, 28의 타입을 앞에서 미리 구해 둔 117회 34, 36으로 전개하면 117회 **22**, 34, 36의 타입으로 나타나게 할 수 있다. (3개)

네 번째 번호다. 117회 22, 36의 모양을 보자. 2행·0열 간격이다. 이 모양과 같은 게 114회 14, 28이다. 따라서 이 모양을 포함하고 있는 114회 보2, 14, 28의 타입을 미리 찾아둔 117회 22, 36으로 전개하면 117회 **10**, 22, 36의 타입으로 만들 수 있다. (4개)

여기서 번호 이동에 대해 잠깐 언급하고자 한다. 114회 보2, 14, 28의 타입을 하1우1 칸 으로 이동시켜 보면 117회 10, 22, 36의 타입으로 즉 정형 타입으로 나오게 할 수 있다는 점이다.

다섯 번째 번호다. 117회 10, 22의 모양을 보자. 2행·2열 간격이다. 이 모양과 같은 것들 가운데 113회 33, 45를 이용하고자 한다. 따라서 이 모양을 포함하고 있는 113회 28, 33, 45의 타입을 앞에서 이미 알아둔 117회 10, 22로 전개하면 117회 **5**, 10, 22의 타입으로 나 타나게 할 수 있다. (5개)

이 지점에서 113회와 117회 번호를 비교해보길 바란다. 5개 번호가 상호 근접해 있고 나 머지 117회 22가 113회 번호들과는 떨어져 있다는 점이다. 이런 면을 차분히 염두에 두길 바란다.

마지막 번호다. 117회 22, 36의 모양을 다시 보자. 2행·0열 간격이다. 이 모양과 같은 게 116회 보17, 31이다. 따라서 이 모양을 포함하고 있는 116회 보17, 31, 37의 타입을 이미 구해 둔 117회 22, 36으로 전개하면 117회 22, 36, **44**의 타입으로 되게 할 수 있다. (6개)

117회 44와 관련해 한번 살펴본다면 114회 14, 26, 41과 117회 10, 22, 44는 같은 타입이라는 것이다.

번호 이동에 대해 알아보자.

113회 28, 33, 45를 상3좌2 칸으로 보내면 117회 5, 10, 22로 된다.

113회 4, 9, 33을 오른쪽으로 1칸 옮기면 117회 5, 10, 34로 나온다.

114회 14, 26, 28을 하1우1 칸으로 이동시키면 117회 22, 34, 36으로 나타난다.

116회 2, 25, 37을 상2좌1 칸으로 작업하면 117회 10, 22, 36으로 만들 수 있는데 좀 어려운 작업이다. 그럼 왜 116회의 이 타입으로 했을까? '그 답은 114회에 같은 타입이 있다' 라는 것이다. 독자들이 직접 알아보길 바란다.

118회 (49)

114회   115회   116회   117회   **118회**

타입 선택과 결합

(115회 2, 9, 25) = (118회 3, 10, 22)

(116회 2, 4, 보17) = (118회 4, 17, 19)

추가 설명

(114회 26, 28, 41) = (118회 4, 17, 19)

(114회 19, 26, 28) = (118회 10, 17, 19)

(114회 14, 19, 26) = (118회 10, 17, 22),

= (118회 3, 10, 19)

(115회 1, 2, 9) = (118회 3, 4, 10)

(115회 2, 9, 25) = (118회 3, 10, 22)

(115회 1, 25, 보31) = (118회 4, 10, 22)

(116회 4, 31, 37) = (118회 4, 10, 19)

(116회 2, 4, 37) = (118회 10, 17, 19)

(117회 5, 10, 34) = (118회 4, 17, 22)

(117회 22, 34, 36) = (118회 3, 17, 19)

(117회 5, 10, 36) = (118회 10, 19, 22)

중복 타입

없음

저자의 눈

116회 **4**, **보17**을 그대로 선택한다. (2개)

앞의 두 번호 모양과 같은 게 있는지 알아보면 114회 28과 41, 115회 2와 보31, 117회 5 와 34가 있다. 여기에서는 116회 4, 보17을 뽑아내는 것으로 생각하면 되겠다.

세 번째 번호다. 앞에서 118회 4, 17을 준비했다. 두 번호의 모양을 보자. 2행·1열 간격이 다. 이 모양과 같은 게 116회 4, 보17이다. 따라서 이 모양을 포함하고 있는 116회 2, 4, 보 17의 타입을 이미 구해 둔 118회 4, 17로 전개하면 118회 4, 17, **19**의 타입으로 나타나게 할 수 있다. (3개)

네 번째 번호다. 118회 4, 17의 모양을 다시 보자. 2행·1열 간격이다. 이 모양과 같은 게 117회 5, 34이다. 따라서 이 모양을 포함하고 있는 117회 5, 10, 34의 타입을 앞에서 찾아 둔 118회 4, 17로 전개하면 118회 4, 17, **22**의 타입으로 만들 수 있다. (4개)

앞의 내용을 보면 117회 타입이 하2좌2 칸으로 이동해 118회로 나왔음을 알 수 있을 것이다. 또 소스 회차에서 번호 이동으로 나온, 도착지의 번호가 해당 소스 회차의 원 당첨 번호라는 점이다.

예를 들면 117회 10이 하2좌2 칸으로 옮겨져 117회 22로 나왔는데 결국 이 번호가 118회 22로 되었다는 의미다.

다섯 번째 번호다. 118회 4, 19의 모양을 다시 보자. 2행·1열 간격이다. 이 모양과 같은 게 117회 5, 34이다. 따라서 이 모양을 포함하고 있는 117회 5, 34, 보35의 타입을 미리 준비해 둔 118회 4, 19로 전개하면 118회 **3**, 4, 19의 타입으로 나오게 할 수 있다. (5개)

118회 3과 관련해 117회 22, 34, 36과 118회 3, 17, 19는 같은 타입이다.

마지막 번호다. 118회 17, 19의 모양을 보자. 0·2다. 즉 0행·2열 간격이다. 이 모양과 같은 게 116회 2, 4다. 따라서 이 모양을 포함하고 있는 116회 2, 4, 37의 타입을 이미 구해 둔 118회 17, 19로 전개하면 118회 **10**, 17, 19의 타입으로 되게 할 수 있다. (6개)

118회 10과 관련해 115회 2, 9, 25와 118회 3, 10, 22는 같은 타입이고, 115회 1, 9, 25와 118회 4, 10, 22도 같은 타입이다.

참고로 116회 25, 34, 37의 타입을 상2좌1 칸으로 이동시켜 보면 118회 10, 19, 22의 타입으로 나타나게 할 수 있다.

119회 (50)

| 116회 | 117회 | 118회 | **119회** |

타입 선택과 결합

(116회 보17, 25, 31) = (119회 3, 11, 17)

(118회 3, 4, 10) = (119회 13, 14, 21)

추가 설명

(116회 31, 34, 37) = (119회 11, 14, 17)

(116회 보17, 25, 31) = (119회 3, 11, 17)

(117회 5, 36, 44) = (119회 3, 11, 21)

(117회 34, 36, 44) = (119회 11, 13, 21)

(118회 4, 10, 보38) = (119회 3, 11, 17)

(118회 3, 4, 10) = (119회 13, 14, 21)

중복 타입

3, 11, 13, 17

11, 13, 17, 21

3, 11, 13, 21

저자의 눈

다음과 같이 미세조정해 두고 '반자동'으로 복권을 구매했다면 그리고 운이 들어와 줬다면 그야말로 '대박'의 행운을 잡았었을지도 모르겠다.

118회를 들여다보자.

3, 17을 그대로 선택한다. (2개)

이어서 10을 우로 1칸 옮겨 11로 만들고, 22를 좌로 1칸 보내 21로 나오게 한다. (4개)

이렇게 번호를 정해 둔 뒤 '반자동'으로 복권을 구매했다면 좋았을 것이다.

앞에서처럼 118회에서 작업을 했는데 116회와 117회 타입을 기본 자료로 활용했다는 점이다. 이런 점을 차분히 생각해보길 바란다.

지금부턴 모양, 타입을 생성하면서 목표 회차의 번호를 찾아보려고 한다.

118회 **3, 17**을 차분히 선택하자. (2개)

세 번째 번호다. 119회 3, 17의 모양을 보자. 2·0이다. 즉 2행·0열 간격이다. 이 모양과 같은 게 116회 보17, 31이다. 따라서 이 모양을 포함하고 있는 116회 보17, 25, 31의 타입을 앞에서 구해 둔 119회 3, 17로 전개하면 119회 3, **11**, 17의 타입으로 나오게 할 수 있다. (3개)

보면 118회 3, 4, 10에 11을 결합하면 중복 타입으로 된다는 것이다.

네 번째 번호다. 119회 3, 11의 모양을 보자. 1행·1열 간격이다. 이 모양과 같은 게 117회 36, 44다. 따라서 이 모양을 포함하고 있는 117회 5, 36, 44의 타입을 이미 찾아둔 119회 3, 11로 전개하면 119회 3, 11, **21**의 타입으로 되게 할 수 있다. (4개)

보면 117회 5, 36, 44의 타입을 하2우2 칸으로 이동시켜 보면 119회 3, 11, 21의 타입으로 나오는 것을 확인할 수 있다. 일반 이동의 법칙이다.

다섯 번째 번호다. 끝수가 같은 119회 11, 21의 모양을 보자. 1·3이다. 즉 1행·3열 간격이다. 이 모양과 같은 게 117회 34, 44다. 따라서 이 모양을 포함하고 있는 117회 34, 36, 44의 타입을 이미 알아둔 119회 11, 21로 전개하면 119회 11, **13**, 21의 타입으로 되게 할 수 있다. (5개)

보면 네 번째, 다섯 번째 번호를 구하는 과정에서 나타난 번호는 119회 3, 11, 13, 21이라는 네 번호인데, 이제는 독자들도 잘 알고 있는 중복 타입이다.

마지막 번호다. 119회 13, 21의 모양을 보자. 1행·1열 간격이다. 이 모양과 같은 게 118회 4, 10이다. 따라서 이 모양을 포함하고 있는 118회 3, 4, 10의 타입을 미리 준비해 둔 119회 13, 21로 전개하면 119회 13, **14**, 21의 타입으로 만들 수 있다. (6개)

119회 14와 관련해 116회 31, 34, 37과 119회 11, 14, 17은 같은 타입이다. (정형 타입)

120회 (51)

116회	118회	119회	**120회**

타입 선택과 결합

(118회 17, 22, 보38) = (120회 11, 32, 37)

(119회 11, 13, 17) = (120회 4, 6, 10)

추가 설명

(116회 2, 4, 37) = (120회 4, 6, 11)

(116회 보17, 31, 37) = (120회 4, 10, 32)

(116회 4, 25, 34) = (120회 6, 11, 32)

(116회 4, 보17, 37) = (120회 10, 32, 37)

(118회 3, 4, 10) = (120회 4, 10, 11)

(118회 3, 4, 19) = (120회 10, 11, 37)

(118회 10, 17, 19) = (120회 4, 6, 11)

(118회 3, 10, 19) = (120회 4, 11, 37)

(118회 17, 19, 22) = (120회 4, 6, 37)

(118회 3, 17, 19) = (120회 4, 6, 32)

(118회 10, 17, 보38) = (120회 4, 11, 32)

(119회 3, 11, 13) = (120회 4, 6, 10)

(119회 13, 14, 21) = (120회 4, 10, 11)

(119회 11, 17, 보38) = (120회 4, 10, 32)

120회에서 가상 번호 46을 거쳐야 함

(119회 3, 17, 보38) = (120회 4, 11, 32)

중복 타입
6, 11, 32, 37

저자의 눈
116회, 118회의 당첨 번호이면서 119회 3과 11 사이의 직교 칸이 **4**다. 따라서 이 번호를 선택하는 것으로 하겠다. (1개)

119회 **11**을 그대로 뽑아내자. (2개)

세 번째 번호다. 120회 4, 11의 모양을 보자. 1행·0열 간격이다. 이 모양과 같은 게 119회 3, 보38이다. 따라서 이 모양을 포함하고 있는 119회 3, 17, 보38의 타입을 앞에서 구해 둔 120회 4, 11로 전개하면 120회 4, 11, **32**의 타입으로 나타나게 할 수 있다. (3개)

네 번째 번호다. 120회 11, 32의 모양을 보자. 3행·0열 간격이다. 이 모양과 같은 게 118회 17, 보38이다. 따라서 이 모양을 포함하고 있는 118회 17, 22, 보38의 타입을 이미 찾아 둔 120회 11, 32로 전개하면 120회 11, 32, **37**의 타입으로 되게 할 수 있다. (4개)

참고로 118회 17, 22, 보38의 타입을 하2우1 칸으로 이동시켜 보면 120회 11, 32, 37의

타입으로 만들 수 있다. **(1차 이동)**

다섯 번째 번호다. 120회 4, 11의 모양을 다시 보자. 1행·0열 간격이다. 이 모양과 같은 게 119회 14, 21이다. 따라서 이 모양을 포함하고 있는 119회 13, 14, 21의 타입을 이미 알아둔 120회 4, 11로 전개하면 120회 4, **10**, 11의 타입으로 나오게 할 수 있다. (5개)

차분히 보면 118회 3, 4, 10과 119회 13, 14, 21과 120회 4, 10, 11은 같은 타입으로서, 계속 언급해왔던 '나왔던 타입이 또 나오는 경우'라고 말할 수 있다.

마지막 번호다. 120회 4, 10의 모양을 다시 보자. 1행·1열 간격이다. 이 모양과 같은 게 119회 11, 17이다. 따라서 이 모양을 포함하고 있는 119회 11, 13, 17의 타입을 앞에서 구해 둔 120회 4, 10으로 전개하면 120회 4, **6**, 10의 타입으로 만들 수 있다. (6개)

참고로 119회 11, 13, 17의 타입을 위로 1칸 올려 보면 120회 4, 6, 10의 타입으로 되게 할 수 있다. **(2차 이동)**

번호 이동에 대해 살펴보면 118회에서 3개 번호를, 119회에선 3개 번호를 각각 이동시켜 120회 번호로 만들 수 있다. (1차 이동 + 2차 이동)

이동과 관련해 도표의 밑줄 번호들을 보면 쉽게 이해할 수 있을 것이다.

| 118회 | 119회 | 120회 | **121회** |

타입 선택과 결합

(118회 4, 10, 19) = (121회 30, 38, 43)

(120회 4, 10, 보30) = (121회 12, 28, 34)

추가 설명

(118회 4, 10, 22) = (121회 12, 30, 38)

(118회 4, 10, 19) = (121회 28, 34, 43)

(118회 4, 17, 19) = (121회 28, 30, 43)

(118회 10, 19, 22) = (121회 12, 38, 43)

121회에서 43을 1로 대체하면 됨

(119회 3, 10, 21) = (121회 28, 34, 38)

(119회 3, 11, 13) = (121회 28, 30, 34)

(119회 11, 17, 21) = (121회 30, 34, 38)

(119회 11, 13, 21) = (121회 28, 30, 38)

(120회 4, 6, 10) = (121회 28, 30, 34)

(120회 6, 32, 37) = (121회 12, 38, 43)

(120회 4, 6, 보30) = (121회 12, 28, 30)

(120회 4, 10, 37) = (121회 30, 38, 43)

중복 타입

28, 30, 34, 38

저자의 눈

먼저 주춧돌 번호 2개를 구해보자.

118회에서 10, 17, 19와 결합해 중복 타입으로 되게 하는 번호들 가운데 12가 있다. 또 119회에서 11, 13, 14와 함께, 120회에서는 4, 10, 11과 묶여 중복 타입으로 나오게 할 수 있는 번호가 12다.

따라서 **12**를 121회 당첨 번호로 선택하겠다. (1개)

118회 4, 19와 결합해 방향성 타입으로 되게 하는 번호가 34다. 또 119회, 120회에서 중복 타입으로 나오게 할 수 있는 번호가 34다. 이렇게 해서 **34**를 121회 당첨 번호로 생각하자. (2개)

세 번째 번호다. 이제 121회 12, 34의 모양을 보자. 3·1이다. 즉 3행·1열 간격이다. 이 모양과 같은 게 120회 10, 보30이다. 따라서 이 모양을 포함하고 있는 120회 4, 10, 보30의 타입을 앞에서 준비해 둔 121회 12, 34로 전개하면 121회 12, **28**, 34의 타입으로 나오게 할 수 있다. (3개)

네 번째 번호다. 121회 28, 34의 모양을 보자. 1행·1열 간격이다. 이 모양과 같은 게 120회 4, 10이다. 따라서 이 모양을 포함하고 있는 120회 4, 6, 10의 타입을 이미 찾아둔 121

회 28, 34로 전개하면 121회 28, **30**, 34의 타입으로 나타나게 할 수 있다. (4개)

다섯 번째 번호다. 121회 28, 34의 모양을 다시 보자. 1행·1열 간격이다. 이 모양과 같은 게 119회 11, 17이다. 따라서 이 모양을 포함하고 있는 119회 11, 17, 21의 타입을 앞에서 알아둔 121회 28, 34로 전개하면 121회 28, 34, **38**의 타입으로 만들 수 있다. (5개)
보면 121회 28, 30, 34와 121회 28, 30, 38은 같은 타입이다.

마지막 번호다. 121회 30, 38의 모양을 보자. 1행·1열 간격이다. 이 모양과 같은 게 118회 4, 10이다. 따라서 이 모양을 포함하고 있는 118회 4, 10, 19의 타입을 이미 구해둔 121회 30, 38로 전개하면 121회 30, 38, **43**의 타입으로 되게 할 수 있다. (6개)

121회 43과 관련해 118회 4, 17, 19와 121회 28, 30, 43은 같은 타입이다.

참고로 121회 28, 34, 43과 121회 30, 38, 43은 같은 타입으로서 5개 번호로 이뤄진 확장성 중복 타입임을 알 수 있다.

118회	119회	120회

122회

타입 선택과 결합

(118회 4, 19, 보38) = (122회 11, 17, 40)

(120회 10, 보30, 37) = (122회 1, 16, 36)

추가 설명

(118회 3, 4, 19) = (122회 1, 16, 17)

(118회 4, 17, 22) = (122회 11, 16, 40)

(118회 3, 4, 22) = (122회 16, 17, 40)

(119회 11, 14, 21) = (122회 1, 36, 40)

(119회 3, 13, 17) = (122회 1, 36, 40)

122회에서 43을 이용해야 함

(120회 10, 11, 보30, 37) = (122회 1, 16, 17, 36)

(120회 6, 10, 37) = (122회 1, 11, 40)

중복 타입

없음

저자의 눈

118회에서 중복 타입으로 나오게 할 수 있는 번호이면서 119회, 120회 당첨 번호인 **11**을 선택하자. (1개)

120회 37을 왼쪽으로 1칸 차분히 옮겨 **36**으로 해 둔다. (2개)

여기서 이런 식으로 생각해보자. 120회 4, 10, 11과 120회 보30, 비당36, 37은 같은 타입으로서 TT, 즉 쌍둥이-타입임을 알 수 있다. 한마디로 TT가 되게끔 하는 36을 골라낼 수도 있다는 것이다. 그런데 36으로 또 다른 TT를 만들 수 있는데 확인해보길 바란다. 추가로 118회, 120회에서 36이 중복 타입을 만든다.

세 번째 번호다. 이제 앞에서 구해 둔 122회 11, 36의 모양을 보자. 2·3이다. 즉 2행·3열 간격이다. 최근의 회차에서 이 모양과 같은 게 있을까. 있다. 바로 119회 13, 보38이다. 따라서 이 모양을 포함하고 있는 119회 3, 13, 보38의 타입을 미리 준비해 둔 122회 11, 36으로 전개하면 122회 **1**, 11, 36의 타입으로 나오게 할 수 있다. (3개)

네 번째 번호다. 122회 1, 36의 모양을 보자. 1행·0열 간격이다. 이 모양과 같은 게 120회 보30, 37이다. 따라서 이 모양을 포함하고 있는 120회 10, 보30, 37의 타입을 앞에서 찾아둔 122회 1, 36으로 전개하면 122회 1, **16**, 36의 타입으로 만들 수 있다. (4개)

다섯 번째 번호다. 122회 1, 16의 모양을 보자. 2행·1열 간격이다. 이 모양과 같은 게 120회 10, 37이다. 따라서 이 모양을 포함하고 있는 120회 10, 11, 37의 타입을 이미 구해 둔 122회 1, 16으로 전개하면 122회 1, 16, **17**의 타입으로 나타나게 할 수 있다. (5개)

마지막 번호다. 122회 11, 17의 모양을 보자. 1행·1열 간격이다. 이 모양과 같은 게 118회 4, 보38이다. 따라서 이 모양을 포함하고 있는 118회 4, 19, 보38의 타입을 앞에서 알아둔 122회 11, 17로 전개하면 122회 11, 17, **40**의 타입으로 되게 할 수 있다. (6개)

　122회 40과 관련해 119회 11, 14, 21과 122회 1, 36, 40은 같은 타입이다.

　참고로 120회에서 다음과 같은 과정으로 122회 번호를 구해보고자 한다.

　120회 10, 11, 보30, 37을 하1좌1 칸으로 보내보면 122회 1, 16, 17, 36으로 나오게 되는 것을 알 수 있다. (4개)

　이어서 120회 11을 차분히 그대로 선택하거나, 4 또는 6을 앞에서의 이동처럼 작업한 후에 미차 운동을 적용해보면 11을 만들 수 있다. (5개)

　이제 타방 법칙이라는 특성을 이용해 마지막 번호를 구하자.
　120회에서 4를 상1우1 칸으로, 6을 상1좌1 칸으로, 32를 하1우1 칸으로 각각 선택적으로 이동시켜 보면 40을 구할 수 있다는 점이다. (6개)

124회 (54)

| 121회 | 122회 | 123회 | **124회** |

타입 선택과 결합

(122회 1, 보8, 16) = (124회 16, 23, 29)

(123회 7, 28, 45) = (124회 4, 25, 42)

추가 설명

(121회 12, 28, 43) = (124회 4, 16, 29)

(121회 보9, 30, 34) = (124회 4, 25, 42)

(121회 보9, 28, 30) = (124회 4, 23, 25)

(121회 28, 30, 38) = (124회 23, 25, 29)

(121회 보9, 28, 34) = (124회 4, 23, 29)

(121회 보9, 34, 38) = (124회 25, 29, 42)

(122회 1, 11, 16) = (124회 16, 25, 29)

(122회 보8, 17, 36) = (124회 4, 16, 25)

(122회 11, 17, 36) = (124회 4, 23, 29)

(122회 11, 17, 40) = (124회 23, 29, 42)

(122회 17, 36, 40) = (124회 4, 23, 42)

(123회 7, 18, 28) = (124회 4, 25, 29)

(123회 18, 30, 45) = (124회 16, 29, 42)

(123회 7, 28, 30) = (124회 4, 23, 25)

중복 타입

4, 16, 23, 42

4, 25, 29, 42

저자의 눈

122회에서 중복 타입으로 되게 할 수 있고 123회에서 17, 30과 결합해 방향성 타입으로 만들 수 있는 번호가 **4**다. (1개)

122회 **16**을 그대로 선택하는 것으로 하겠다. (2개)

세 번째 번호다. 124회 4, 16의 모양을 보자. 2행·2열 간격이다. 이 모양과 같은 게 121회 12, 28이다. 따라서 이 모양을 포함하고 있는 121회 12, 28, 43의 타입을 앞에서 찾아둔 124회 4, 16으로 전개하면 124회 4, 16, **29**의 타입으로 나타나게 할 수 있다. (3개)

네 번째 번호다. 124회 16, 29의 모양을 보자. 2행·1열 간격이다. 이 모양과 같은 게 122회 1, 16이다. 따라서 이 모양을 포함하고 있는 122회 1, 보8, 16의 타입을 이미 구해 둔 124회 16, 29로 전개하면 124회 16, **23**, 29의 타입으로 만들 수 있다. (4개)

다섯 번째 번호다. 124회 23, 29의 모양을 보자. 1행·1열 간격이다. 이 모양과 같은 게

121회 28, 34다. 따라서 이 모양을 포함하고 있는 121회 28, 30, 34의 타입을 앞에서 알아 둔 124회 23, 29로 전개하면 124회 23, **25**, 29의 타입으로 되게 할 수 있다. (5개)

마지막 번호다. 124회 4, 25의 모양을 보자. 3행·0열 간격이다. 이 모양과 같은 게 123회 7, 28이다. 따라서 이 모양을 포함하고 있는 123회 7, 18, 28의 타입을 앞에서 이미 찾아둔 124회 4, 25로 전개하면 124회 4, 25, **42**의 타입으로 나오게 할 수 있다. (6개)

번호 이동에 대해 알아보자.

일반 이동이다.
121회 보9, 28, 30, 34 네 번호를 상1우2 칸으로 옮기면 124회 4, 23, 25, 29로 나오게 할 수 있다. (4개)

특수 이동이다.
121회 30, 43을 위로 2칸 올리면 16, 29가 나온다. 29는 앞에서 구해 둔 번호이므로 자연스럽게 16을 찾을 수 있게 되었다. (5개)

또 121회 34, 38을 하1우1 칸으로 이동시켜 보면 4, 42가 나타나는데
여기서도 4는 앞에서 이미 찾아둔 번호이므로, 같이 나온 42를 당첨 번호로 생각할 수 있다는 점이다. (6개)

126회 (55)

|122회|123회|124회|126회|

타입 선택과 결합

(122회 1, 16, 36) = (126회 7, 20, 27)

(124회 보1, 4, 25) = (126회 22, 40, 43)

추가 설명

(122회 보8, 11, 17) = (126회 7, 40, 43)

(122회 11, 16, 40) = (126회 22, 27, 40)

(122회 11, 17, 40) = (126회 7, 20, 43)

(123회 7, 보27, 30) = (126회 20, 40, 43)

(123회 18, 30, 45) = (126회 7, 27, 40)

126회에서 가상 번호 47을 거쳐야 함

(123회 7, 28, 30) = (126회 20, 22, 43)

(123회 17, 30, 45) = (126회 7, 22, 43)

(124회 보1, 4, 16, 23) = (126회 20, 27, 40, 43)

(124회 보1, 16, 25) = (126회 22, 27, 40)

(124회 16, 23, 25) = (126회 20, 22, 27)

(124회 보1, 23, 25) = (126회 20, 22, 40)

(124회 23, 29, 42) = (126회 7, 20, 43)

(124회 4, 23, 25) = (126회 20, 22, 43)

중복 타입

7, 20, 27, 40

저자의 눈

123회 7, 보27 두 번호가 126회 목표 회차에서 또 나오리라고 생각하면서 이 두 번호를 126회 당첨 번호로 뽑아내자. 끝수가 같다. 이렇게 해서 126회 **7, 27**을 준비해 두었다. (2개)

세 번째 번호다. 126회 7, 27의 모양을 보자. 3·1이다. 즉 3행·1열 간격이다. 이 모양과 같은 게 124회 보1, 23이다. 따라서 이 모양을 포함하고 있는 124회 보1, 16, 23의 타입을 앞에서 준비해 둔 126회 7, 27로 전개하면 126회 7, **20**, 27의 타입으로 되게 할 수 있다. (3개)

네 번째 번호다. 126회 20, 27의 모양을 보자. 1행·0열 간격이다. 이 모양과 같은 게 124회 16, 23이다. 따라서 이 모양을 포함하고 있는 124회 16, 23, 25의 타입을 이미 알아둔 126회 20, 27로 전개하면 126회 20, **22**, 27의 타입으로 나오게 할 수 있다. (4개)

다섯 번째 번호다. 126회 20, 22의 모양을 보자. 0행·2열 간격이다. 이 모양과 같은 게 124회 23, 25다. 따라서 이 모양을 포함하고 있는 124회 4, 23, 25의 타입을 앞에서 구해 둔 126회 20, 22로 전개하면 126회 20, 22, **43**의 타입으로 나타나게 할 수 있다. (5개)

마지막 번호다. 126회 22, 43의 모양을 보자. 3행·0열 간격이다. 이 모양과 같은 게 124회 4, 25다. 따라서 이 모양을 포함하고 있는 124회 보1, 4, 25의 타입을 이미 찾아둔 126회 22, 43으로 전개하면 126회 22, **40**, 43의 타입으로 만들 수 있다. (6개)

126회 40과 관련해 124회 보1, 4, 16과 126회 27, 40, 43은 같은 타입이다.

여기서 124회 보1, 4, 16, 23, 25와 126회 20, 22, 27, 40, 43은 서로 어떤 관계인지 독자들이 생각해보길 바란다.

번호 이동에 대해 알아보자.

123회 7, 보27, 30을 하2좌1 칸으로 옮기면 126회 20, 40, 43으로 된다.

124회 보1, 4, 23을 왼쪽으로 3칸 보내면 1, 20, 40으로 되는데, 여기서 1을 43으로 대체해 결국 126회 20, 40, 43으로 나오게 할 수 있다.

124회 4, 23, 25를 왼쪽으로 3칸 이동시키면 1, 20, 22로 나오는데, 앞에서와 마찬가지로 1을 43으로 대체해 126회 20, 22, 43으로 만들면 된다.

| 124회 | 125회 | 126회 | **127회** |

타입 선택과 결합

(125회 보18, 32, 35) = (127회 29, 32, 43)

(126회 20, 22, 27) = (127회 3, 5, 10)

추가 설명

(124회 보1, 4, 23) = (127회 10, 29, 32)

(124회 16, 23, 25) = (127회 3, 5, 10)

(124회 보1, 16, 23) = (127회 3, 10, 32)

(124회 보1, 4, 29) = (127회 29, 32, 43)

(124회 보1, 4, 16) = (127회 3, 29, 32)

(125회 2, 보18, 32) = (127회 10, 29, 43)

(125회 2, 33, 35) = (127회 3, 5, 43)

(125회 8, 32, 35) = (127회 5, 29, 32)

(126회 7, 20, 27) = (127회 3, 10, 32)

(126회 20, 27, 40, 43) = (127회 3, 10, 29, 32)

(126회 7, 20, 22) = (127회 3, 5, 32)

(126회 보1, 20, 27) = (127회 3, 10, 29)

(126회 7, 27, 40) = (127회 5, 10, 32)

중복 타입

명시적으론 없음

암시적으론 3, 5, 10, 43 (43을 1로 대체하면 됨)

저자의 눈

124회 4, 16과 함께, 또 125회 2, 보18과 묶여 방향성 타입으로 되게 하는 번호가 10이다. 따라서 127회 당첨 번호로 **10**을 정하겠다. (1개)

두 번째 번호다. 124회에서 중복 타입으로 되게 하고 125회 당첨 번호인 **32**를 선택하는 것으로 하겠다. (2개)

세 번째 번호다. 준비해 둔 127회 10, 32의 모양을 보자. 3행·1열 간격이다. 이 모양과 같은 게 126회 20, 40이다. 따라서 이 모양을 포함하고 있는 126회 20, 40, 43의 타입을 앞에서 찾아둔 127회 10, 32로 전개하면 127회 10, **29**, 32의 타입으로 나타나게 할 수 있다. (3개)

네 번째 번호다. 127회 29, 32의 모양을 보자. 0행·3열 간격이다. 이 모양과 같은 게 125회 32, 35다. 따라서 이 모양을 포함하고 있는 125회 보18, 32, 35의 타입을 이미 알아둔 127회 29, 32로 전개하면 127회 29, 32, **43**의 타입으로 되게 할 수 있다. (4개)

다섯 번째 번호다. 127회 10, 32의 모양을 다시 보자. 3행·1열 간격이다. 이 모양과 같은 게 126회 7, 27이다. 따라서 이 모양을 포함하고 있는 126회 7, 20, 27의 타입을 앞에서 구해둔 127회 10, 32로 전개하면 127회 **3**, 10, 32의 타입으로 만들 수 있다. (5개)

마지막 번호다. 127회 3, 10의 모양을 보자. 1·0이다. 즉 1행·0열 간격이다. 이 모양과 같은 게 126회 20, 27이다. 따라서 이 모양을 포함하고 있는 126회 20, 22, 27의 타입을 이미 찾아둔 127회 3, 10으로 전개하면 127회 3, **5**, 10의 타입으로 나오게 할 수 있다. (6개)

다음의 내용을 참고하길 바란다.

124회에서다.
42를 차분히 우로 1칸 옮겨 127회 43으로 해둔다. (1개)
이어서 보1, 4, 23, 25, 29를 상3우1 칸으로 이동시켜 보면 3, 5, 9, 30, 33으로 나오는데 미차 운동으로 127회 3, 5, 10, 29, 32로 된다. (6개)

126회에서다.
7, 20, 22, 27을 상2좌3 칸으로 보내면 127회 3, 5, 10, 32로 나오는 것을 알 수 있다. (4개)
이때 RO 법칙을 통해 27로부터 127회 29를 만들 수 있다. (5개)
끝으로 이리저리 움직이지 말고 43을 그대로 선택하는 것이다. (6개)

125회   126회   127회   128회   **129회**

타입 선택과 결합

(126회 7, 20, 22) = (129회 23, 25, 38)

(127회 3, 29, 43) = (129회 19, 28, 42)

추가 설명

(125회 보18, 32, 35) = (129회 25, 28, 42)

(125회 보18, 33, 36) = (129회 25, 28, 38)

(125회 2, 33, 35) = (129회 23, 25, 28)

(126회 7, 20, 22) = (129회 23, 25, 38)

(126회 7, 20, 43) = (129회 19, 25, 38)

(126회 7, 40, 43) = (129회 19, 25, 28)

(127회 3, 32, 보35) = (129회 25, 28, 38)

(127회 3, 5, 32) = (129회 23, 25, 38)

(127회 29, 32, 43) = (129회 25, 28, 42)

(127회 3, 5, 43) = (129회 23, 25, 28)

(127회 5, 10, 43) = (129회 19, 28, 38)

(127회 5, 10, 29) = (129회 19, 28, 38)

(128회 30, 36, 보39) = (129회 19, 25, 28)

(128회 30, 34, 45) = (129회 25, 38, 42)

(128회 30, 34, 36) = (129회 19, 23, 25)

(128회 34, 36, 보39) = (129회 23, 25, 28)

중복 타입
없음

저자의 눈

125회 보18과 32의 사이 칸이면서 126회, 127회, 128회에서 중복 타입을 만들 수 있는 번호가 25다. 127회 32의 위 칸이 25다. 128회 30, 34, 보39를 보면 이 번호들과 결합해 중복 타입으로 나오게 할 수 있는 번호가 25다. 따라서 **25**를 뽑아내자. (1개)

두 번째 번호다. 127회와 128회를 본 후에 32를 당첨 번호로 생각해 볼 수도 있는데 이 번호는 아니라는 것이다. 즉 운이 없었다고 편하게(!) 생각하면 될 것이다.

126회, 127회, 128회에서 38이 중복 타입으로 되게 한다. 특히 128회에서 38이 중복 타입을 만드는 과정을 생각해보길 바란다. 여러 개의 중복 타입을 만들 수 있다는 것이다. 여기서 **38**을 선택하자. (2개)

세 번째 번호다. 앞에서 구해둔 129회 25, 38의 모양을 보자. 2·1이다. 즉 2행·1열 간격이다. 이 모양과 같은 게 126회 7, 20이다. 따라서 이 모양을 포함하고 있는 126회 보1, 7, 20의 타입을 이미 알아둔 129회 25, 38로 전개하면 129회 **19**, 25, 38의 타입으로 되게 할

수 있다. (3개)

　네 번째 번호다. 129회 19, 25의 모양을 보자. 1행·1열 간격이다. 이 모양과 같은 게 128회 30, 36이다. 따라서 이 모양을 포함하고 있는 128회 30, 34, 36의 타입을 앞에서 찾아둔 129회 19, 25로 전개하면 129회 19, **23**, 25의 타입으로 나타나게 할 수 있다. (4개)

　129회 23과 관련해 126회 7, 20, 22와 129회 23, 25, 38은 같은 타입임을 알 수 있는데 이처럼 당첨 번호로 이뤄져 있는 타입들이 서로 엮여 있다는 것이다.

　다섯 번째 번호다. 129회 23, 25의 모양을 보자. 0행·2열 간격이다. 이 모양과 같은 게 128회 34, 36이다. 따라서 이 모양을 포함하고 있는 128회 34, 36, 보39의 타입을 이미 알아둔 129회 23, 25로 전개하면 129회 23, 25, **28**의 타입으로 나오게 할 수 있다. (5개)

　마지막 번호다. 129회 25, 28의 모양을 보자. 0행·3열 간격이다. 이 모양과 같은 게 127회 29, 32다. 따라서 이 모양을 포함하고 있는 127회 29, 32, 43의 타입을 앞에서 생각해둔 129회 25, 28로 전개하면 129회 25, 28, **42**의 타입으로 만들 수 있다. (6개)

130회 (58)

| 126회 | 127회 | 128회 | 129회 | **130회** |

타입 선택과 결합

(126회 22, 40, 43) = (130회 24, 42, 45)

(128회 12, 보39, 45) = (130회 7, 19, 27)

추가 설명

(126회 22, 40, 43) = (130회 24, 42, 45)

(126회 7, 20, 27) = (130회 7, 27, 42)

(126회 7, 20, 43) = (130회 19, 27, 42)

(127회 5, 29, 32) = (130회 24, 27, 42)

(127회 3, 10, 32) = (130회 7, 27, 42)

(127회 3, 10, 29) = (130회 7, 19, 42)

(127회 5, 10, 보35) = (130회 7, 19, 24)

(128회 30, 36, 보39) = (130회 19, 24, 27)

(128회 12, 34, 37) = (130회 7, 24, 27)

(128회 12, 보39, 45) = (130회 7, 19, 27)

(129회 19, 25, 38) = (130회 19, 27, 42)

(129회 25, 28, 38) = (130회 24, 27, 42)

(129회 19, 25, 28) = (130회 19, 24, 27)

중복 타입

24, 27, 42, 45

저자의 눈

최근에 출현한 번호들 가운데 2, 3개 정도를 선택해보자. 목표 회차의 1전 회인 129회에서 번호를 구하려고 한다. 129회 **19**와 **42**를 차분히 뽑아내자. (2개)

그런데 어떻게 이처럼 간단히(!) 골라낼 수 있는 것인가. 그것은 아래의 참고 설명에 나와 있다.

참고로 129회 28을 왼쪽으로 1칸 옮겨 27로 만들어 놓고 보면 129회 19, 27, 42라는 임의의 타입을 생각해 볼 수 있다는 것이다. 이렇게 타입을 만들어보면 129회 타입인 19, 25, 38과 같은 타입으로 된다는 것을 알 수 있을 것이다. 즉 129회 소스 회차의 타입과 같아지도록 129회 28을 1칸 이동시켰다는 것이다. 독자들도 잘 알고 있는 바로 '미세조정'을 했다는 점이다. 이런 정교한 작업에 대해 주의 깊게 들여다보길 바란다.

따라서 이렇게 같은 타입이 나오도록, 129회에서 19와 42를 그대로 선택해 130회 당첨 번호로 만들었다는 점이다.

세 번째 번호다. 구해둔 130회 19, 42의 모양을 보자. 3행·2열 간격이다. 이 모양과 같은 게 129회 19, 38이다. 따라서 이 모양을 포함하고 있는 129회 19, 25, 38의 타입을 앞에서 준비해 둔 130회 19, 42로 전개하면 130회 19, **27**, 42의 타입으로 나타나게 할 수

있다. (3개)

네 번째 번호다. 130회 19, 27의 모양을 보자. 1행·1열 간격이다. 이 모양과 같은 게 129회 19, 25다. 따라서 이 모양을 포함하고 있는 129회 19, 25, 28의 타입을 이미 찾아둔 130회 19, 27로 전개하면 130회 19, **24**, 27의 타입으로 되게 할 수 있다. (4개)

다섯 번째 번호다. 130회 24, 42의 모양을 보자. 3·3이다. 즉 3행·3열 간격이다. 이 모양과 같은 게 126회 22, 40이다. 따라서 이 모양을 포함하고 있는 126회 22, 40, 43의 타입을 앞에서 알아둔 130회 24, 42로 전개하면 130회 24, 42, **45**의 타입으로 만들 수 있다. (5개)

마지막 번호다. 130회 24, 45의 모양을 보자. 3행·0열 간격이다. 이 모양과 같은 게 129회 보17, 38이다. 따라서 이 모양을 포함하고 있는 129회 보17, 38, 42의 타입을 미리 구해둔 130회 24, 45로 전개하면 130회 **7**, 24, 45의 타입으로 나오게 할 수 있다. (6개)

130회 7과 관련해 127회 3, 10, 32와 130회 7, 27, 42는 같은 타입이고, 128회 12, 보39, 45와 130회 7, 19, 27도 같은 타입이다.

132회 (59)

| 129회 | 130회 | 131회 | **132회** |

타입 선택과 결합

(129회 보17, 23, 38) = (132회 17, 23, 45)

(131회 10, 14, 21) = (132회 3, 34, 41)

추가 설명

(129회 보17, 25, 42) = (132회 17, 23, 34)

(130회 24, 보31, 45) = (132회 3, 17, 45)

(130회 27, 보31, 45) = (132회 3, 17, 41)

(130회 7, 보31, 45) = (132회 3, 17, 34)

(130회 7, 24, 42) = (132회 17, 34, 41)

중복 타입

3, 34, 41, 45

저자의 눈

130회, 131회에서 중복 타입으로 만들 수 있는 번호가 **17**이다. (1개)

두 번째 번호다. 129회 당첨 번호이고 130회 24의 옆 칸이다. 또 131회에서 중복 타입으로 나오게 할 수 있는 번호가 **23**이다. (2개)

참고로 129회 보17, 23을 그대로 선택해 132회 당첨 번호로 되게 할 수도 있다.

세 번째 번호다. 이제 132회 17, 23의 모양을 보자. 1행·1열 간격이다. 이 모양과 같은 게 129회 보17, 25다. 따라서 이 모양을 포함하고 있는 129회 보17, 25, 42의 타입을 앞에서 준비해 둔 132회 17, 23으로 전개하면 132회 17, 23, **34**의 타입으로 되게 할 수 있다. (3개)

네 번째 번호다. 132회 17, 34의 모양을 보자. 2행·3열 간격이다. 이 모양과 같은 게 130회 7, 24다. 따라서 이 모양을 포함하고 있는 130회 7, 24, 보31의 타입을 이미 알아둔 132회 17, 34로 전개하면 132회 17, 34, **41**의 타입으로 나타나게 할 수 있다. (4개)

다섯 번째 번호다. 132회 34, 41의 모양을 보자. 1행·0열 간격이다. 이 모양과 같은 게 131회 14, 21이다. 따라서 이 모양을 포함하고 있는 131회 10, 14, 21의 타입을 구해둔 132회 34, 41로 전개하면 132회 34, 41, **45**의 타입으로 나오게 할 수 있다. (5개)

마지막 번호다. 132회 17, 45의 모양을 보자. 3행·0열 간격이다. 이 모양과 같은 게 130회 24, 45다. 따라서 이 모양을 포함하고 있는 130회 24, 보31, 45의 타입을 앞에서 찾아둔 132회 17, 45로 전개하면 132회 **3**, 17, 45의 타입으로 만들 수 있다. (6개)
타입에 대해 좀 더 살펴보자.

129회 보17, 23, 38과 132회 17, 23, 45는 같은 타입임을 알 수 있을 것이다. 그런데 129

회에선 보17을 기준으로 3칸 위가 38인데 132회에선 17의 3칸 위가 45라는 것이다. 즉 번호표시 용지에서 3의 위 칸이 38이 될 수도 있고 45가 될 수도 있다는 점이다.

130회 27, 보31, 45와 132회 3, 17, 41은 같은 타입인데, 130회 타입을 아래로 3칸 내리면 132회의 타입으로 나오게 된다. 이때 130회 27의 도착지 번호는 41로 조정되어야 한다는 것이다. 이유는 같은 타입으로 만들어야 하기 때문이다. 독자들이 차분히 생각해보길 바란다.

추억의 이야기

    초등학교 5학년 정도 때의 일이다. '텔레비전이 있으면 공부하질 않아'라는 어머니의 생각 때문에, 당시에 저자의 집엔 TV가 없었다. 희미한 기억인데 한국과 호주의 월드컵 예선전 축구 중계방송을 보기 위해 어떤 날엔 동네 이웃집에 가기도 했다. 항상 돈을 주고 텔레비전 방송을 본 것은 아닌데, 아무튼 이날은 5원인가 10원인가를 내고 본 것 같았다.

    지금은 온갖 기기들 속에서 드라마, 영화, 음악, 스포츠 등 우리를 즐겁게 해주는 것들로 넘쳐난다. 잘 쓰면 약이고 잘못 쓰면 독이다. 올바르게 문명의 기기를 사용하는 게 어떨까 싶다.

133회 (60)

129회		130회		131회		132회		**133회**

타입 선택과 결합

(130회 19, 24, 27) = (133회 18, 23, 26)

(131회 8, 11, 14) = (133회 4, 7, 15)

추가 설명

(129회 19, 28, 42) = (133회 4, 18, 23)

(129회 19, 25, 28) = (133회 18, 23, 26)

(129회 25, 28, 42) = (133회 4, 15, 18)

(129회 보17, 25, 28) = (133회 7, 15, 18)

(129회 19, 25, 42) = (133회 4, 15, 23)

(131회 8, 11, 보37) = (133회 4, 23, 26)

(132회 3, 17, 23) = (133회 4, 18, 26)

(132회 3, 17, 보43) = (133회 4, 18, 23)

중복 타입

4, 7, 15, 18

4, 7, 23, 26

15, 18, 23, 26

저자의 눈

131회 당첨 번호로 15가 나왔다. 129회, 130회, 132회에서 중복 타입으로 나오게 하는 번호가 **15**다. (1개)

두 번째 번호다. 129회, 130회, 131회에서 중복 타입을 이루게 한다. 또 131회 11의 아래 칸이면서 15, 21과 함께 방향성 타입을 만든다. 132회 17의 옆 번호다. 이런 과정으로부터 **18**을 뽑아낼 수 있다. (2개)

세 번째 번호다. 앞에서 준비해 둔 133회 15, 18의 모양을 보자. 0행·3열 간격이다. 이 모양과 같은 게 130회 24, 27이다. 따라서 이 모양을 포함하고 있는 130회 19, 24, 27의 타입을 구해둔 133회 15, 18로 전개하면 133회 15, 18, **23**의 타입으로 되게 할 수 있다. (3개)

네 번째 번호다. 133회 18, 23의 모양을 보자. 1·2다. 즉 1행·2열 간격이다. 이 모양과 같은 게 132회 3, 보43이다. 따라서 이 모양을 포함하고 있는 132회 3, 17, 보43의 타입을 이미 찾아둔 133회 18, 23으로 전개하면 133회 **4**, 18, 23의 타입으로 나타나게 할 수 있다. (4개)

다섯 번째 번호다. 133회 4, 18의 모양을 보자. 2행·0열 간격이다. 이 모양과 같은 게 129회 28, 42이다. 따라서 이 모양을 포함하고 있는 129회 25, 28, 42의 타입을 앞에서 알아둔 133회 4, 18로 전개하면 133회 4, **7**, 18의 타입으로 만들 수 있다. (5개)

마지막 번호다. 133회 4, 18의 모양을 다시 보자. 2행·0열 간격이다. 이 모양과 같은 게 132회 3, 17이다. 따라서 이 모양을 포함하고 있는 132회 3, 17, 23의 타입을 이미 찾아둔 133회 4, 18로 전개하면 133회 4, 18, **26**의 타입으로 나오게 할 수 있다. (6개)

133회 26과 관련해, 만일 타입을 생성해 26을 구하지 않고 단순하게(!) 중복 타입을 만드는 과정에서 26을 찾을 수도 있다는 것이다. 즉 133회 4, 7, 23, 26과 133회 15, 18, 23, 26이라는 중복 타입을 활용해 133회의 26을 구할 수도 있을 것이다.

참고로 아래의 내용을 살펴보자.

133회 4, 15, 23과 133회 7, 18, 26은 같은 타입인데 특정 회차에서 같은 타입이 출현할 수도 있는 쌍둥이 타입(TT)이라는 것이다. 이 타입과 같은 게 129회 19, 25, 42다.

133회 7, 15, 18, 23, 26은 5개 번호로 이뤄진 '확장성 중복 타입'이다. 즉 7, 15, 18과 15, 23, 26은 같은 타입인데 15가 두 타입에 공통으로 나와 있다.

131회 132회 133회 **134회**

타입 선택과 결합

(132회 3, 17, 23) = (134회 3, 23, 31)

(133회 7, 보13, 26) = (134회 12, 20, 35)

추가 설명

(131회 10, 15, 21) = (134회 3, 12, 20)

(131회 8, 11, 14) = (134회 12, 20, 23)

(132회 3, 17, 34) = (134회 3, 20, 31)

(133회 7, 보13, 18) = (134회 3, 12, 20)

(133회 4, 18, 26) = (134회 3, 23, 31)

(133회 15, 18, 26) = (134회 20, 23, 31)

(133회 7, 18, 26) = (134회 12, 23, 31)

중복 타입

12, 20, 23, 31

저자의 눈

최근에 나타난 번호 2, 3개 정도를 선택해보라고 했다. 여기엔 미세조정도 포함된다. 한편 어느 특정 회차에서 나온 번호 2개가 이후의 회차에서 그대로 다시 나타나는 것을 우리는 봐왔다. 132회 소스 회차와 134회 목표 회차가 이런 경우라고 말할 수 있다.

132회 **3, 23**을 차분히 그대로 선택한다. 끝수가 같다. (2개)

참고로 133회에서는 4를 좌로 1칸 옮겨 3으로 만들고 133회 23을 그대로 선택하면 앞에서 구해둔 번호 2개와 같아진다. 이런 미세조정의 감을 익혀두길 바란다.

세 번째 번호다. 미리 준비해 둔 134회 3, 23의 모양을 보자. 3행·1열 간격이다. 이 모양과 같은 게 132회 3, 23이다. 당연하다. 번호가 같으니까. 따라서 이 모양을 포함하고 있는 132회 3, 17, 23의 타입을 구해둔 134회 3, 23으로 전개하면 134회 3, 23, **31**의 타입으로 나타나게 할 수 있다. (3개)

여기서 잠깐 보자면 134회 3, 23 사이의 간격이 좀 있으므로, 23을 기준으로 아래로 내려가 31을 거쳐 3으로 나오게 하는 타입으로 생각하는 게 이해하기가 쉬울 것이다.

네 번째 번호다. 134회 23, 31의 모양을 보자. 1행·1열 간격이다. 이 모양과 같은 게 133회 15, 23이다. 따라서 이 모양을 포함하고 있는 133회 4, 15, 23의 타입을 이미 알아둔 134회 23, 31로 전개하면 134회 **12**, 23, 31의 타입으로 되게 할 수 있다. (4개)

다섯 번째 번호다. 134회 3, 12의 모양을 보자. 1행·2열 간격이다. 이 모양과 같은 게

133회 보13, 18이다. 따라서 이 모양을 포함하고 있는 133회 7, 보13, 18의 타입을 앞에서 구해둔 134회 3, 12로 전개하면 134회 3, 12, **20**의 타입으로 나오게 할 수 있다. (5개)

마지막 번호다. 134회 12, 20의 모양을 보자. 1행·1열 간격이다. 이 모양과 같은 게 133회 7, 보13이다. 따라서 이 모양을 포함하고 있는 133회 7, 보13, 26의 타입을 미리 찾아둔 134회 12, 20으로 전개하면 134회 12, 20, **35**의 타입으로 만들 수 있다. (6개)

133회에서 다음과 같이 거의 한 번의 작업으로 134회 번호를 구할 수도 있다.

133회 4를 차분히 왼쪽으로 1칸 옮겨 3으로 해둔다. (1개)

이어서 133회 4, 보13, 15, 23, 26을 하1우1 칸으로 이동시켜 보면 12, 21, 23, 31, 34로 나온다. 이때 미차 운동으로 21이 20으로, 34가 35로 된다는 것이다. (6개)

한편 133회 15가 앞에서와 같이 이동했는데 도착지 번호가 133회 23으로 되었고 이 번호가 134회 당첨 번호(23)로 되었다는 점이다. 여기서 잘 살펴봐야 할 것은 133회 15가 133회 당첨 번호인 23으로 움직였다는 사실이다. 이렇게 봤을 때 결국 '나왔던 번호(23)가 또 나오는 식'으로 된다는 것이다.

132회 133회 134회 **135회**

타입 선택과 결합

(132회 34, 41, 45) = (135회 28, 35, 39)

(133회 7, 15, 23) = (135회 6, 14, 22)

추가 설명

(132회 3, 17, 23) = (135회 6, 14, 28)

(132회 3, 17, 45) = (135회 14, 28, 35)

(132회 17, 23, 45) = (135회 6, 14, 35)

(132회 17, 23, 34) = (135회 22, 28, 39)

(132회 3, 17, 34) = (135회 14, 28, 39)

(133회 4, 18, 26) = (135회 6, 14, 28)

(133회 7, 보13, 18) = (135회 6, 14, 39)

(133회 7, 18, 23) = (135회 6, 22, 39)

(134회 3, 23, 31) = (135회 6, 14, 28)

(134회 3, 12, 20) = (135회 6, 14, 39)

(134회 23, 31, 보43) = (135회 6, 22, 28)

중복 타입

14, 22, 28, 39

저자의 눈

이번 목표 회차에선 독자들에게 색다른 방법을 소개하고자 한다.

지금까지 중복 타입으로 나오게 하는 번호를 선택하면 되는 것으로 설명해왔다. 이 과정에서 기존 3개의 당첨 번호에 임의의 1개 번호를 추가해 중복 타입으로 만들었었다.

하지만 여기에선 기존 2개 번호에 임의의 2개 번호를 추가하는 방법으로 중복 타입을 생성해 목표 회차의 번호를 찾아보려고 한다.

134회 12, 20을 보자. 이 두 번호에 6, 14를 추가해 결합해보면 중복 타입으로 되는 것을 알 수 있다.

예를 하나 더 들면 134회 23, 31에 14, 22를 결합하면 역시 중복 타입으로 나오게 할 수 있다.

앞의 두 작업으로부터 135회 6, 14, 22라는 세 번호를 구하는 것으로 생각할 수도 있겠지만 공부하는 과정이므로 지금까지처럼 두 번호를 선택해서 시작하는 것으로 하자.

앞에서 설명했던 과정으로부터 135회 **6, 14**를 준비해 두자. (2개)

세 번째 번호다. 앞에서 구해둔 135회 6, 14의 모양을 보자. 1행·1열 간격이다. 이 모양과 같은 게 134회 23, 31이다. 따라서 이 모양을 포함하고 있는 134회 3, 23, 31의 타입을 이미 알아둔 135회 6, 14로 전개하면 135회 6, 14, **28**의 타입으로 되게 할 수 있다. (3개)

네 번째 번호다. 135회 6, 14의 모양을 다시 보자. 1행·1열 간격이다. 이 모양과 같은 게 134회 12, 20이다. 따라서 이 모양을 포함하고 있는 134회 3, 12, 20의 타입을 찾아둔 135회 6, 14로 전개하면 135회 6, 14, **39**의 타입으로 나오게 할 수 있다. (4개)

다섯 번째 번호다. 135회 28, 39의 모양을 보자. 2행·3열 간격이다. 이 모양과 같은 게 132회 34, 45다. 따라서 이 모양을 포함하고 있는 132회 34, 41, 45의 타입을 앞에서 구해둔 135회 28, 39로 전개하면 135회 28, **35**, 39의 타입으로 나타나게 할 수 있다. (5개)

마지막 번호다. 135회 6, 39의 모양을 보자. 1행·2열 간격이다. 이 모양과 같은 게 133회 18, 23이다. 따라서 이 모양을 포함하고 있는 133회 7, 18, 23의 타입을 이미 알아둔 135회 6, 39로 전개하면 135회 6, **22**, 39의 타입으로 만들 수 있다. (6개)

| 132회 | 133회 | 135회 | 136회 |

타입 선택과 결합

(133회 4, 7, 18) = (136회 2, 16, 41)

(135회 보16, 22, 28) = (136회 30, 36, 42)

추가 설명

(132회 3, 17, 23) = (136회 16, 30, 36)

(132회 3, 17, 34) = (136회 16, 30, 41)

(133회 4, 15, 18) = (136회 2, 16, 41)

(133회 4, 18, 26) = (136회 2, 16, 36)

(133회 7, 15, 23) = (136회 30, 36, 42)

(133회 7, 보13, 18) = (136회 30, 36, 41)

(135회 6, 14, 28) = (136회 2, 16, 36)

(135회 보16, 22, 28) = (136회 30, 36, 42)

(135회 14, 보16, 28) = (136회 2, 16, 42)

(135회 6, 14, 39) = (136회 30, 36, 41)

(135회 14, 22, 28) = (136회 2, 30, 36)

중복 타입

2, 16, 30, 36

저자의 눈

133회 15와 23 사이의 직교 칸이고 135회 보너스 번호가 **16**이다. (1개)

두 번째 번호다. 차분히 살펴보길 바란다. 135회 6, 14, 28과 같은 타입으로 되게 하려면 135회 보16, 22에 36을 결합하면 된다는 것을 알 수 있는데, 135회 35를 옆으로 1칸 옮겨 **36**으로 만들면 된다는 것이다. 우리가 알고 있는 미세조정이다. (2개)

이렇게 해서 136회 16, 36 두 번호를 준비해 두었다. 끝수가 같다.

세 번째 번호다. 앞에서 알아둔 136회 16, 36의 모양을 보자. 3행·1열 간격이다. 이 모양과 같은 게 135회 6, 28이다. 따라서 이 모양을 포함하고 있는 135회 6, 14, 28의 타입을 이미 구해둔 136회 16, 36으로 전개하면 136회 **2**, 16, 36의 타입으로 나오게 할 수 있다. (3개)

네 번째 번호다. 136회 2, 16의 모양을 보자. 2행·0열 간격이다. 이 모양과 같은 게 135회 14, 28이다. 따라서 이 모양을 포함하고 있는 135회 14, 보16, 28의 타입을 앞에서 찾아둔 136회 2, 16으로 전개하면 136회 2, 16, **42**의 타입으로 나타나게 할 수 있다. (4개)

다섯 번째 번호다. 136회 36, 42의 모양을 보자. 1행·1열 간격이다. 이 모양과 같은 게 135회 22, 28이다. 따라서 이 모양을 포함하고 있는 135회 보16, 22, 28의 타입을 이미 알아둔 136회 36, 42로 전개하면 136회 **30**, 36, 42의 타입으로 되게 할 수 있다. (5개)

마지막 번호다. 136회 30, 36의 모양을 보자. 1행·1열 간격이다. 이 모양과 같은 게 133회 7, 보13이다. 따라서 이 모양을 포함하고 있는 133회 7, 보13, 18의 타입을 앞에서 찾아둔 136회 30, 36으로 전개하면 136회 30, 36, **41**의 타입으로 만들 수 있다. (6개)

136회 41과 관련해 135회 14, 28, 39와 136회 16, 30, 41은 같은 타입이다.

번호 이동에 대해 알아보자.

132회 3, 17, 23을 하2좌1 칸으로 이동시키면 136회 16, 30, 36으로,
133회 7, 보13, 18을 하3우2 칸으로 보내면 136회 30, 36, 41로,
133회 4, 15, 18을 상2좌2 칸으로 작업하면 136회 2, 30, 41로,
135회 14, 28, 39를 오른쪽으로 2칸 옮기면 136회 16, 30, 41로,
135회 6, 14, 28을 상2우2 칸으로 보내면 136회 2, 16, 36으로,
135회 보16, 22, 28을 아래로 2칸 내려보면 136회 30, 36, 42로
각각 나타나는 것을 확인할 수 있다.

여기서 알 수 있듯이 각 소스 회차의 타입들이 이동해 목표 회차의 타입들로 즉 번호로 나왔다는 점이다.

137회 (64)

133회   134회   136회   **137회**

타입 선택과 결합

(133회 보13, 15, 26) = (137회 7, 9, 20)

(136회 2, 16, 41) = (137회 25, 36, 39)

추가 설명

(133회 4, 15, 18) = (137회 25, 36, 39)

(133회 4, 18, 23) = (137회 20, 25, 39)

(133회 7, 23, 26) = (137회 20, 36, 39)

(133회 7, 18, 23) = (137회 20, 25, 36)

(134회 20, 23, 35) = (137회 9, 36, 39)

(134회 3, 12, 31) = (137회 20, 25, 39)

(136회 보11, 16, 30) = (137회 20, 25, 39)

(136회 16, 30, 42) = (137회 9, 25, 39)

(136회 보11, 16, 42) = (137회 20, 25, 36)

중복 타입

9, 20, 25, 36

저자의 눈

목표 회차의 바로 앞인 136회에서 주춧돌 번호를 구해보려고 한다.

136회에서 직관적으로 **25**가 중복 타입을 만들 수 있다는 것을 알 수 있을 것이다. (1개)

이어서 136회 **36**을 차분히 그대로 선택한다. (2개)

세 번째 번호다. 이제 준비해 둔 137회 25, 36의 모양을 보자. 2행·3열 간격이다. 이 모양과 같은 게 133회 4, 15다. 따라서 이 모양을 포함하고 있는 133회 4, 15, 18의 타입을 이미 찾아둔 137회 25, 36으로 전개하면 137회 25, 36, **39**의 타입으로 되게 할 수 있다. (3개)

네 번째 번호다. 137회 25, 39의 모양을 보자. 2행·0열 간격이다. 이 모양과 같은 게 136회 16, 30이다. 따라서 이 모양을 포함하고 있는 136회 보11, 16, 30의 타입을 앞에서 구해둔 137회 25, 39로 전개하면 137회 **20**, 25, 39의 타입으로 나타나게 할 수 있다. (4개)

다섯 번째 번호다. 137회 20, 25의 모양을 보자. 1행·2열 간격이다. 이 모양과 같은 게 136회 보11, 16이다. 따라서 이 모양을 포함하고 있는 136회 보11, 16, 42의 타입을 이미 알아둔 137회 20, 25로 전개하면 137회 **9**, 20, 25의 타입으로 나오게 할 수 있다. (5개)

마지막 번호다. 137회 9, 20의 모양을 보자. 2행·3열 간격이다. 이 모양과 같은 게 133회 15, 26이다. 따라서 이 모양을 포함하고 있는 133회 보13, 15, 26의 타입을 앞에서 찾아둔

137회 9, 20으로 전개하면 137회 **7**, 9, 20의 타입으로 만들 수 있다. (6개)

번호 이동과 타입에 대해 알아보자.

번호 이동이다.
133회 보13, 15, 26을 상1우1 칸으로 보내면 137회 7, 9, 20으로 된다.

133회 4, 15, 18을 아래로 3칸 내리면 137회 25, 36, 39로 나타난다.

이동으로 나타난 앞의 번호들을 모아보면 137회의 6개 당첨 번호로 된다.

137회 20, 25, 39는 도표의 밑줄 번호 타입을 결합하는 연결 타입이다.

이 연결 타입과 관련해, 133회 4, 18, 23과 134회 3, 12, 31과 136회 보11, 16, 30과 그리고 앞에서 언급된 137회 20, 25, 39는 같은 타입임을 알 수 있다.

| 134회 | 135회 | 136회 | 138회 | **139회** |

타입 선택과 결합

(134회 12, 20, 35) = (139회 20, 28, 43)

(135회 6, 14, 보16) = (139회 9, 11, 15)

추가 설명

(134회 3, 12, 20) = (139회 11, 20, 28)

(134회 12, 23, 31) = (139회 9, 20, 28)

(135회 6, 14, 39) = (139회 11, 20, 28)

(135회 22, 35, 39) = (139회 11, 15, 28)

(136회 2, 30, 36) = (139회 9, 15, 43)

(136회 2, 보11, 42) = (139회 9, 11, 20)

(136회 2, 보11, 36) = (139회 11, 20, 28)

(136회 30, 36, 41) = (139회 9, 15, 20)

(138회 10, 보19, 27) = **(139회 11, 20, 28)**

(138회 28, 37, 39) = (139회 9, 11, 20)

(138회 28, 37, 39) = (139회 9, 11, 28)

(짙은 타입을 결합하면 139회 6개 당첨 번호로 된다)

중복 타입

9, 11, 20, 28

저자의 눈

최근에 나온 번호를 살펴보자. 136회에서 보너스 번호이면서 138회에선 당첨 번호로 나온 게 **11**이다. 이 번호를 뽑아내자. (1개)

135회, 138회에서 **28**이 당첨 번호로 나왔는데 이 번호도 선택하자. (2개)

세 번째 번호다. 앞에서 찾아둔 139회 11, 28의 모양을 보자. 2행·3열 간격이다. 이 모양과 같은 게 138회 11, 28이다. 살펴보면 138회, 139회의 번호가 같다. 따라서 이 모양을 포함하고 있는 138회 11, 보19, 28의 타입을 이미 구해둔 139회 11, 28로 전개하면 139회 11, **20**, 28의 타입으로 되게 할 수 있다. (3개)

네 번째 번호다. 139회 20, 28의 모양을 보자. 1행·1열 간격이다. 이 모양과 같은 게 134회 12, 20이다. 따라서 이 모양을 포함하고 있는 134회 12, 20, 35의 타입을 앞에서 알아둔 139회 20, 28로 전개하면 139회 20, 28, **43**의 타입으로 나타나게 할 수 있다. (4개)

다섯 번째 번호다. 139회 11, 20의 모양을 보자. 1행·2열 간격이다. 이 모양과 같은 게 138회 28, 37이다. 따라서 이 모양을 포함하고 있는 138회 28, 37, 39의 타입을 이미 찾아둔 139회 11, 20으로 전개하면 139회 **9**, 11, 20의 타입으로 나오게 할 수 있다. (5개)

마지막 번호다. 139회 9, 11의 모양을 보자. 0행·2열 간격이다. 이 모양과 같은 게 135회 14, 보16이다. 따라서 이 모양을 포함하고 있는 135회 6, 14, 보16의 타입을 앞에서 구해둔 139회 9, 11로 전개하면 139회 9, 11, **15**의 타입으로 만들 수 있다. (6개)

139회 15와 관련해 136회 2, 30, 36과 139회 9, 15, 43은 같은 타입임을 알 수 있는데, 특정 번호가 어느 한 타입에 전속으로 묶여 있는 게 아니라 여러 타입에 속한다는 점이다.

참고로 139회 6개 번호를 알아보는데, 앞쪽의 도표에 있는 밑줄 번호 타입들보다는 '추가 설명'에 있는 짙게 표시된 타입들로 생각하는 게 좀 더 편할 것이다.

134회 번호 이동에 대해 알아보자.

134회 12, 23, 31을 좌로 3칸 옮기면 139회 9, 20, 28로 나타난다.

134회 3, 12, 20, 35를 하1우1 칸으로 이동시켜 보면 139회 11, 20, 28, 43으로 된다. (두 번째 작업 내에서 '타방 법칙'을 이용해 9와 15를 구할 수 있다)

한편 저자가 언급해왔다. 소스 회차의 번호들을 이동시켰을 때 도착지 번호가 해당 소스 회차의 원 당첨 번호라는 점이다. 즉 앞에서 설명한 것처럼 12를 옮겨보면 20으로 된다는 것이다. 결국, 134회에서 나왔던 번호가 139회에서 또 나타나는 식이다.

138회   139회   140회   **141회**

타입 선택과 결합

(138회 11, 37, 39) = (141회 29, 31, 43)

(140회 3, 13, 19) = (141회 8, 12, 42) 그림자 타입(ST)

추가 설명

(138회 10, 11, 39) = (141회 29, 42, 43)

(138회 28, 37, 39) = (141회 12, 29, 31)

(138회 10, 11, 27) = (141회 31, 42, 43)

(138회 11, 28, 39) = (141회 12, 29, 43)

(139회 11, 보13, 28) = (141회 29, 31, 42)

(139회 9, 11, 28) = (141회 12, 29, 31)

(140회 3, 17, 18) = (141회 29, 42, 43)

(140회 3, 17, 28) = (141회 12, 29, 43)

(140회 3, 17, 19) = (141회 29, 31, 43)

중복 타입

12, 31, 42, 43

8, 29, 42, 43

저자의 눈

지금까지의 작업 내용은 대체로 이렇다. 번호 2개를 준비한 후에 모양과 타입을 만들어 가면서 번호 1개씩 찾았는데, 타입을 만들어 가는 이런 과정을 반복하면서 목표 회차의 번호 6개를 구했었다.

이와 관련해 언급해보면 '주춧돌 번호', 즉 작업할 때 바탕이 되는 번호를 정확히 잘 선택 해야만 한다는 점이다. 만일 2개 번호를 제대로 뽑아내지 못한다면, 비록 작업 과정 자체 가 정확히 진행되더라도 우리가 원하는 목표 회차의 번호 6개를 손에 쥘 수 없다는 것이 다.

139회에서 외로이 떨어져 있는 당첨 번호이고, 140회에서 중복 타입과 방향성 타입으로 나오게 하는 번호가 **43**이다. (1개)

또 138회, 139회 140회에서 중복 타입으로 만들고, 140회에서 방향성 타입으로 되게 하 는 번호가 **31**이다. (2개)

세 번째 번호다. 앞에서 준비해 둔 141회 31, 43의 모양을 보자. 2행·2열 간격이다. 이 모 양과 같은 게 138회, 140회에 있는데 140회 3, 19를 이용하고자 한다. 따라서 이 모양을 포함하고 있는 140회 3, 17, 19의 타입을 구해둔 141회 31, 43으로 전개하면 141회 **29**, 31, 43의 타입으로 나타나게 할 수 있다. (3개)

네 번째 번호다. 141회 29, 43의 모양을 보자. 2행·0열 간격이다. 이 모양과 같은 게 140

회 3, 17이다. 따라서 이 모양을 포함하고 있는 140회 3, 17, 18의 타입을 이미 알아둔 141회 29, 43으로 전개하면 141회 29, **42**, 43의 타입으로 되게 할 수 있다. (4개)

다섯 번째 번호다. 141회 31, 43의 모양을 다시 보자. 2행·2열 간격이다. 이 모양과 같은 게 138회 27, 39다. 따라서 이 모양을 포함하고 있는 138회 11, 27, 39의 타입을 앞에서 찾아둔 141회 31, 43으로 전개하면 141회 **8**, 31, 43의 타입으로 나오게 할 수 있다. (5개)

마지막 번호다. 141회 29, 31의 모양을 보자. 0행·2열 간격이다. 이 모양과 같은 게 139회 9, 11이다. 따라서 이 모양을 포함하고 있는 139회 9, 11, 28의 타입을 이미 구해둔 141회 29, 31로 전개하면 141회 **12**, 29, 31의 타입으로 만들 수 있다. (6개)

141회 12와 관련해 140회 3, 13, 19와 141회 8, 12, 42는 같은 타입이다.

참고로 141회 타입을 그대로 오른쪽으로 1칸 옮겨보면 1, 9, 13으로 되는데 이렇게 해놓고 타입을 생각하면 좀 더 쉽게 이해할 수 있을 것이다.

| 138회 | 140회 | 141회 | **142회** |

타입 선택과 결합

(138회 11, 보19, 39) = (142회 12, 34, 40)

(141회 8, 29, 43) = (142회 16, 30, 44)

추가 설명

(138회 보19, 27, 37) = (142회 34, 40, 44)

(138회 11, 28, 39) = (142회 12, 30, 44)

(140회 3, 13, 17) = (142회 30, 40, 44)

(140회 3, 17, 28) = (142회 12, 30, 44)

(141회 보2, 8, 12) = (142회 34, 40, 44)

(141회 12, 29, 43) = (142회 12, 30, 44)

(141회 보2, 29, 43) = (142회 12, 34, 40)

(141회 보2, 12, 43) = (142회 30, 34, 40)

중복 타입

12, 16, 30, 40

30, 34, 40, 44

12, 16, 30, 34

저자의 눈

138회, 140회, 141회에서 중타로 만들 수 있는 번호가 **16**이다. (1개)

두 번째 번호다. 어떤 번호를 그대로 뽑아내거나 옆으로 1칸 차분히 옮기는 내용을 우리는 알고 있다. 따라서 이와 관련해 작업해보면 141회에서 29나 31을 옆으로 1칸 옮겨 **30**으로 나오게 하는 것이다. (2개)

세 번째 번호다. 앞에서 준비해 둔 142회 16, 30의 모양을 보자. 2행·0열 간격이다. 이 모양과 같은 게 141회 29, 43이다. 따라서 이 모양을 포함하고 있는 141회 8, 29, 43의 타입을 이미 찾아둔 142회 16, 30으로 전개하면 142회 16, 30, **44**의 타입으로 나오게 할 수 있다. (3개)

네 번째 번호다. 142회 30, 44의 모양을 보자. 2행·0열 간격이다. 이 모양과 같은 게 140회 3, 17이다. 따라서 이 모양을 포함하고 있는 140회 3, 13, 17의 타입을 앞에서 알아둔 142회 30, 44로 전개하면 142회 30, **40**, 44의 타입으로 되게 할 수 있다. (4개)

다섯 번째 번호다. 142회 40, 44의 모양을 보자. 1행·3열 간격이다. 이 모양과 같은 게 141회 보2, 12이다. 따라서 이 모양을 포함하고 있는 141회 보2, 12, 43의 타입을 이미 구해둔 142회 40, 44로 전개하면 142회 **34**, 40, 44의 타입으로 나타나게 할 수 있다. (5개)

마지막 번호다. 142회 34, 40의 모양을 보자. 1행·1열 간격이다. 이 모양과 같은 게 141회 보2, 43이다. 따라서 이 모양을 포함하고 있는 141회 보2, 29, 43의 타입을 찾아둔 142회 34, 40으로 전개하면 142회 **12**, 34, 40의 타입으로 만들 수 있다. (6개)

번호 이동에 대해 알아보자.

140회 3, 13, 17을 상3좌1 칸으로 이동시켜 보면 142회 30, 40, 44로 나타나게 할 수 있다.

140회 3, 13, 17을 왼쪽으로 1칸 옮기면 142회 2, 12, 16으로 된다. 이때 2를 44로 대체해 142회 12, 16, 44로 하면 된다.

141회 8, 29, 43을 상2우1 칸으로 보내면 142회 16, 30, 44로 되게 할 수 있다.

141회 보2, 8, 12를 상2좌3 칸으로 작업하면 142회 34, 40, 44로 나오게 할 수 있다.

143회 (68)

139회	140회	141회	143회

타입 선택과 결합

(140회 3, 17, 18) = (143회 27, 28, 42)

(141회 12, 29, 31) = (143회 26, 43, 45)

추가 설명

(139회 9, 11, 43) = (143회 28, 43, 45)

(139회 9, 11, 28) = (143회 26, 28, 45)

(139회 11, 보13, 28) = (143회 26, 28, 43)

(140회 3, 17, 18) = (143회 28, 42, 43)

(140회 3, 17, 19) = (143회 26, 28, 42)

(140회 3, 18, 19) = (143회 27, 42, 43)

(140회 17, 18, 19) = (143회 26, 27, 28)

(141회 29, 31, 43) = (143회 26, 28, 42)

(141회 29, 42, 43) = (143회 28, 42, 43)

(141회 31, 42, 43) = (143회 26, 42, 43)

중복 타입

26, 27, 42, 43

26, 28, 43, 45

27, 28, 42, 43

저자의 눈

143회 당첨 번호를 기준으로 봤을 때 최근에 나온 번호로는 28, 42, 43이 있다. 그런데 여기선 공부하는 과정이므로 기존 당첨 번호 1개만 선택하는 것으로 해서 시작하자. 139회, 141회에서 **43**이 당첨 번호로 나왔다. (1개)

139회에서 9, 11, 43과 결합해 중타로 나오게 하고 140회 3의 위 칸이면서 141회 29, 31, 43과 함께 중복 타입으로 만드는 번호가 **45**다. (2개)

세 번째 번호다. 앞에서 구해둔 143회 43, 45의 모양을 보자. 0행·2열 간격이다. 이 모양과 같은 것들 가운데 139회 9, 11을 이용하고자 한다. 따라서 이 모양을 포함하고 있는 139회 9, 11, 43의 타입을 이미 알아둔 143회 43, 45로 전개하면 143회 **28**, 43, 45의 타입으로 되게 할 수 있다. (3개)

네 번째 번호다. 143회 28, 43의 모양을 보자. 2행·1열 간격이다. 이 모양과 같은 게 140회 3, 18이다. 따라서 이 모양을 포함하고 있는 140회 3, 17, 18의 타입을 앞에서 준비해둔 143회 28, 43으로 전개하면 143회 28, **42**, 43의 타입으로 나타나게 할 수 있다. (4개)

다섯 번째 번호다. 143회 42, 43의 모양을 보자. 0행·1열 간격이다. 이 모양과 같은 게

140회 18, 19다. 따라서 이 모양을 포함하고 있는 140회 3, 18, 19의 타입을 이미 찾아둔 143회 42, 43으로 전개하면 143회 **27**, 42, 43의 타입으로 만들 수 있다. (5개)

마지막 번호다. 143회 28, 42의 모양을 보자. 2행·0열 간격이다. 이 모양과 같은 게 140회 3, 17이다. 따라서 이 모양을 포함하고 있는 140회 3, 17, 19의 타입을 앞에서 구해둔 143회 28, 42로 전개하면 143회 **26**, 28, 42의 타입으로 나오게 할 수 있다. (6개)

143회 26과 관련해 140회 17, 18, 19와 143회 26, 27, 28은 같은 타입이고 141회 31, 42, 43과 143회 26, 42, 43도 같은 타입이다.

번호 이동에 대해 알아보자.

139회 11, 보13, 28을 하2우1 칸으로 보내면 143회 26, 28, 43으로,

140회 17, 18, 19를 하1우2 칸으로 옮기면 143회 26, 27, 28로,

140회 3, 17, 18을 상3좌3칸으로 이동시키면 143회 28, 42, 43으로,

141회 12, 29, 31을 아래로 2칸 내리면 143회 26, 43, 45로 각각 나타나게 할 수 있다.

144회 (69)

140회	141회	143회	**144회**	

타입 선택과 결합

(140회 보8, 17, 28) = (144회 4, 26, 37)

(141회 8, 29, 31) = (144회 15, 17, 36)

추가 설명

(140회 17, 19, 28) = (144회 15, 17, 26)

(140회 보8, 13, 28) = (144회 4, 17, 37)

(140회 보8, 19, 28) = (144회 17, 26, 37)

(140회 보8, 13, 17) = (144회 17, 26, 36)

(140회 보8, 18, 19) = (144회 26, 36, 37)

(140회 보8, 13, 28) = (144회 4, 17, 26)

(140회 18, 19, 28) = (144회 4, 36, 37)

(141회 보2, 12, 29) = (144회 4, 26, 36)

(141회 29, 31, 42) = (144회 4, 15, 17)

(141회 8, 12, 29) = (144회 15, 26, 36)

(141회 보2, 29, 31) = (144회 15, 17, 37)

(143회 보8, 27, 28) = (144회 17, 36, 37)

(143회 28, 43, 45) = (144회 4, 15, 17)

(143회 27, 28, 45) = (144회 26, 36, 37)

중복 타입

4, 17, 26, 37

4, 15, 26, 37

저자의 눈

주춧돌 번호 2개를 구한 다음에 모양과 타입을 만들어 가면서 144회 당첨 번호를 찾아 보자.

140회, 141회, 143회에서 중복 타입을 만들 수 있는 번호가 **4**다. (1개)

140회, 141회에서 중타로 나오게 하고 143회 당첨 번호가 **26**이다. (2개)

세 번째 번호다. 앞에서 구해둔 144회 4, 26의 모양을 보자. 3행·1열 간격이다. 이 모양과 같은 게 140회 보8, 28이다. 따라서 이 모양을 포함하고 있는 140회 보8, 13, 28의 타입을 준비해 둔 144회 4, 26으로 전개하면 144회 4, **17**, 26의 타입으로 나타나게 할 수 있다. (3개)

네 번째 번호다. 144회 17, 26의 모양을 보자. 1행·2열 간격이다. 이 모양과 같은 게 140회 19, 28이다. 따라서 이 모양을 포함하고 있는 140회 17, 19, 28의 타입을 이미 찾아둔 144회 17, 26으로 전개하면 144회 **15**, 17, 26의 타입으로 되게 할 수 있다. (4개)

다섯 번째 번호다. 144회 15, 17의 모양을 보자. 0행·2열 간격이다. 이 모양과 같은 게 141회 29, 31이다. 따라서 이 모양을 포함하고 있는 141회 8, 29, 31의 타입을 앞에서 알아 둔 144회 15, 17로 전개하면 144회 15, 17, **36**의 타입으로 나오게 할 수 있다. (5개)

마지막 번호다. 144회 17, 36의 모양을 보자. 3행·2열 간격이다. 이 모양과 같은 게 143회 보8, 27이다. 따라서 이 모양을 포함하고 있는 143회 보8, 27, 28의 타입을 앞에서 구해 둔 144회 17, 36으로 전개하면 144회 17, 36, **37**의 타입으로 만들 수 있다. (6개)

144회 37과 관련해 140회 보8, 18, 19와 144회 26, 36, 37은 같은 타입이고 141회 보2, 29, 31과 144회 15, 17, 37도 같은 타입이다.

번호 이동에 대해 알아보자.

140회 18, 19, 28을 상3좌3 칸으로 보내면 144회 4, 36, 37로,

140회 17, 19, 28을 왼쪽으로 2칸 옮기면 144회 15, 17, 26으로 각각 나타난다.

141회 보2, 29, 31을 위로 2칸 올려 보면 144회 15, 17, 37로 나오는데 이때 보2가 44를 거쳐 이동한다는 점이다. 또 인력으로 37에 36이 같이 딸려 나왔다.

147회 (70)

| 144회 | 146회 | **147회** |

타입 선택과 결합

(144회 15, 17, 36) = (147회 21, 40, 42)

(146회 2, 35, 42) = (147회 4, 6, 13)

추가 설명

(144회 4, 15, 17) = (147회 4, 6, 21)

(144회 15, 37, 보43) = (147회 13, 21, 42)

(144회 4, 15, 36) = (147회 4, 21, 42)

(144회 15, 17, 37) = (147회 13, 40, 42) 147회에서 가48을 거침

(146회 19, 보25, 27) = (147회 4, 6, 40)

(146회 27, 35, 42) = (147회 6, 13, 40)

(146회 보25, 27, 42) = (147회 4, 6, 21)

(146회 보25, 27, 35) = (147회 4, 40, 42)

(146회 2, 27, 35) = (147회 4, 13, 21)

(146회 19, 보25, 42) = (147회 4, 21, 40)

중복 타입

4, 6, 40, 42

6, 13, 21, 40

6, 13, 21, 42

저자의 눈

144회에서 26, 37, 보43과 결합해 중복 타입으로 되게 하고 37, 보43과 함께 방향성 타입으로 만들 수 있는 게 40이다. 또 146회에서 19, 보25, 27과 함께 중복 타입으로 나타나게 하고 41, 42와는 방향성 타입으로 나오게 할 수 있는 번호가 40이다. 따라서 147회 당첨 번호로 **40**을 선택하자. (1개)

144회 보43의 옆 번호이면서 146회의 당첨 번호인 **42**를 뽑아내자. (2개)

세 번째 번호다. 앞에서 준비해 둔 147회 40, 42의 모양을 보자. 0행·2열 간격이다. 이 모양과 같은 게 144회 15, 17이다. 따라서 이 모양을 포함하고 있는 144회 15, 17, 36의 타입을 이미 알아둔 147회 40, 42로 전개하면 147회 **21**, 40, 42의 타입으로 되게 할 수 있다. (3개)

네 번째 번호다. 147회 21, 42의 모양을 보자. 3행·0열 간격이다. 이 모양과 같은 게 144회 15, 보43이다. 따라서 이 모양을 포함하고 있는 144회 15, 37, 보43의 타입을 찾아둔 147회 21, 42로 전개하면 147회 **13**, 21, 42의 타입으로 나타나게 할 수 있다. (4개)

다섯 번째 번호다. 147회 13, 40의 모양을 보자. 2행·1열 간격이다. 이 모양과 같은 게 146회 27, 42다. 따라서 이 모양을 포함하고 있는 146회 27, 35, 42의 타입을 앞에서 구해 둔 147회 13, 40으로 전개하면 147회 **6**, 13, 40의 타입으로 나오게 할 수 있다. (5개)

마지막 번호다. 147회 6, 13의 모양을 보자. 1행·0열 간격이다. 이 모양과 같은 게 146회 35, 42다. 따라서 이 모양을 포함하고 있는 146회 2, 35, 42의 타입을 뽑아둔 147회 6, 13 으로 전개하면 147회 **4**, 6, 13의 타입으로 만들 수 있다. (6개)

번호 이동에 대해 알아보자.

144회 15, 17, 37을 상3좌3 칸으로 이동시켜 보면 147회 13, 40, 42로 되는데 147회에서는 41의 아래 칸이 가상 번호 48이라고 생각하자.

144회 4, 17, 26을 상2우1 칸으로 옮기면 147회 4, 13, 40으로 나타나게 할 수 있다. 이때 144회 4가 가상 번호 46을 거친다는 점이다.

146회 19, 보25, 27을 아래로 3칸 내리면 147회 4, 6, 40으로 나온다.

146회 27, 35, 42를 하2좌1 칸으로 보내면 147회 6, 13, 40으로 된다.

146회 보25, 27, 42를 위로 3칸 올리면 147회 4, 6, 21로 나타난다.

1. 당첨 확률을 고려해보면, '완전자동'으로 복권을 많이 구매하지 말 것

2. 두세 개 번호 정도는 최근(3전 회차까지)에 나왔던 번호 가운데서 선택해볼 것 (본문에 있는 개별번호 선택 과정을 참고하길 바람)

3. 최근에 출현한 타입을 이용해, 여러 예상 타입을 만들어 볼 것

4. 중복 타입이 자주 나타나는 경향을 이용해, 네 번호로 이뤄질 수 있는 중복 타입을 만들어 볼 것

5. 끝수를 같게 해볼 것 (예 : 22, 32 ……… 7, 27, 37 등)

6. 끝수의 패턴을 예상해볼 것
(예 : 3 4 5 6 7 8, 0 0 1 2 3 4, 9 X 7 6 X 4 3 2 등)

7. '수동' 방식인 번호 6개를 정확히 선택해서 당첨되는 게 어려우므로 3, 4개 정도까지만 용지에 표시하고 '반자동'으로 구매해볼 것

8. 최근의 소스 회차의 타입, 미세조정, 번호 이동 등을 고려한 후에 추첨에서 나올 수 있는 번호가 있는지 파악해볼 것

9. 각 회차의 당첨 번호가 어떻게 나타났는지 꾸준히 연구해볼 것 (실력 향상을 위한 지름길)